Linux
高可用负载均衡集群实践真传

梁勃 田逸 / 著

清华大学出版社
北京

内容简介

负载均衡技术是服务或应用高可用的基础，不论是Web应用还是数据库，要保证访问的持续性，负载均衡技术都是不可或缺的。

本书共9章，第1～5章由浅入深地介绍互联网行业最流行、应用最广泛的负载均衡工具LVS、Nginx、HAProxy各自功能的实现，以及与Keepalived组合形成完整意义上的高可用负载均衡集群。第6章介绍特殊高可用负载均衡集群RHCS，它广泛应用于金融、证券、保险等非互联网行业。第7章和第8章介绍结构化数据库MySQL与非结构化数据库MongoDB的高可用负载均衡，这二者自身可实现负载均衡集群，还可与前端Keepalived与HAProxy（或者Nginx）相结合，构建起更高可用性的负载均衡集群。第9章介绍各种负载均衡集群的日常维护，并列举一些常见的故障及解决办法。

通过学习本书，读者不仅可以了解负载均衡的架构和基本功能实现，还可根据书中的实例，轻松构建起所需要的各种类型的高可用负载均衡集群，高效解决问题。

本书封面贴有清华大学出版社防伪标签，无标签者不得销售。

版权所有，侵权必究。举报：010-62782989，beiqinquan@tup.tsinghua.edu.cn。

图书在版编目(CIP)数据

Linux 高可用负载均衡集群实践真传 / 梁勃，田逸著 . —北京：清华大学出版社，2024.3
ISBN 978-7-302-65771-2

Ⅰ.①L… Ⅱ.①梁…②田… Ⅲ.①Linux 操作系统－集群 Ⅳ.① TP316.89

中国国家版本馆 CIP 数据核字 (2024) 第 048695 号

责任编辑：王中英
封面设计：郭　鹏
责任校对：徐俊伟
责任印制：刘海龙

出版发行：清华大学出版社
网　　址：https://www.tup.com.cn，https://www.wqxuetang.com
地　　址：北京清华大学学研大厦 A 座
邮　编：100084
社 总 机：010-83470000
邮　购：010-62786544
投稿与读者服务：010-62776969，c-service@tup.tsinghua.edu.cn
质 量 反 馈：010-62772015，zhiliang@tup.tsinghua.edu.cn

印 装 者：北京鑫海金澳胶印有限公司
经　　销：全国新华书店
开　　本：185mm×260mm　　印　张：12.75　　字　数：249 千字
版　　次：2024 年 3 月第 1 版　　印　次：2024 年 3 月第 1 次印刷
定　　价：59.00 元

产品编号：096171-01

前言

这本《Linux 高可用负载均衡集群实践真传》本该是"Linux 企业级高可用实践真传"三部曲中最先面世的,但因为种种原因,变成最后完工的一本了。不过这也有好处,文中所使用的工具版本更新了。

本书秉承"Linux 企业级高可用实践真传"系列一贯的风格,具有如下显著的特性。

(1)实践性。本书所涉及的内容来源于笔者的日常工作,并且是笔者长期实践经验的总结和思考。虽然没有面面俱到、包罗万象,但参照笔者的样例,稍加改动就能应用于实际。

(2)时效性。本书尽可能采用最新的软件版本,这样本书呈现在读者面前时不至于过时。比如操作系统为 Rocky 9.2;MongoDB 版本为 6.X。

(3)可借鉴性。本书中所涉及的内容来源于笔者的生产系统,用户数以万为单位,并且长期稳定在线,经受了大大小小的考验,不是那种搭建一个环境、一个用户访问的场景可比的。

(4)原创性。本书不是官方手册的翻译或重新编排,而是实际生产应用的重现,更多的是笔者个人的想法和思考。

(5)低成本。本书使用的都是开源的操作系统、开源的工具软件,无须付费,不需要序列号,可以直接下载使用,读者不必有成本和法律上的担忧。

负载均衡机制是应用高可用的基础,没有这个基础,任何高可用都无法实现。负载均衡集群与超融合集群相整合,再加上有效的资源与应用监控,一套更高可用性的应用集群就建立起来了。本书内容安排可以参考"内容简介"。其中，第 4～8 章介绍各种工具的高可用负载均衡集群，这几章内容相互之间并不直接关联，读者可以根据自己的实际需求或者使用习惯来选择学习。各种负载均衡工具在技术层面上并无高下之分，能满足需求且易于部署及日常维护就算好的选择，读者无须纠结"Nginx 与 HAProxy 哪个更好"这样的问题。

本书适合互联网运维从业人员、软件开发者、大中专计算机专业师生及 IT 技术爱好者。因为受笔者水平所限、所从事行业需求所限，无法顾及工具软件所包含的方方面面，因此，只能根据实际需求做取舍。也因为着眼于"实践"二字，理论方面所及甚少，望读者理解。

致谢资深 Linux 系统管理员曾俊辉先生，致谢 Linux 专家高俊峰先生。

笔 者

2023 年 12 月

目录

第 1 章　负载均衡概述 / 1

1.1　负载均衡的定义 / 1
1.2　负载均衡在生产环境中的基本要求 / 2
　　1.2.1　在线可扩展性 / 2
　　1.2.2　高可用性 / 3
　　1.2.3　多服务性 / 3
1.3　负载均衡的基本功能 / 4
　　1.3.1　负载分发 / 4
　　1.3.2　健康检查 / 4
　　1.3.3　负载均衡器失败切换 / 5
1.4　负载均衡器的呈现形式 / 5
1.5　其他负载均衡类型 / 6
　　1.5.1　Oracle RAC 负载均衡集群 / 6
　　1.5.2　PCS 负载均衡 / 6
1.6　与负载均衡不离不弃 20 年 / 7
　　1.6.1　初识负载均衡 LVS / 7
　　1.6.2　从开始到现在 / 8
1.7　学习负载均衡高可用集群的一些建议 / 9

第 2 章　负载均衡的功能 / 11

2.1　负载均衡负载分发 / 11
　　2.1.1　LVS 负载均衡集群简介 / 11
　　2.1.2　LVS 直接路由负载均衡集群 / 12
　　2.1.3　LVS 网络地址转换负载均衡 / 20
2.2　负载均衡健康检查 / 22
　　2.2.1　负载均衡器 Nginx 部署及配置 / 22
　　2.2.2　负载均衡集群健康检查功能验证 / 24
2.3　负载均衡失败切换 / 25
　　2.3.1　负载均衡失败切换功能组成 / 26
　　2.3.2　Keepalived 安装 / 26
　　2.3.3　Keepalived 搭配 LVS 实现失败切换 / 29
　　2.3.4　负载均衡失败切换功能验证 / 34
2.4　杂项 / 37

第 3 章 高可用负载均衡集群规划 / 39

- 3.1 系统规划的目标 / 40
- 3.2 系统规划包括哪些内容 / 41
  - 3.2.1 系统架构规划 / 41
  - 3.2.2 选型规划 / 42
  - 3.2.3 资源规划 / 42
- 3.3 系统规划的关键点 / 44
- 3.4 问题思考 / 45

第 4 章 Nginx 高可用负载均衡集群 / 46

- 4.1 Keepalived 与 Nginx 的分工 / 46
- 4.2 负载均衡高可用集群整体设计 / 47
  - 4.2.1 物理设施配置 / 47
  - 4.2.2 设施分布及数量分配 / 48
- 4.3 实施部署 Nginx 高可用负载均衡集群 / 49
  - 4.3.1 准备工作 / 50
  - 4.3.2 负载均衡器配置 / 50
  - 4.3.3 负载均衡器配置同步 / 56
  - 4.3.4 Nginx 负载均衡整体功能验证 / 57
- 4.4 善后工作 / 58
- 4.5 杂项 / 60

第 5 章 HAProxy 高可用负载均衡集群 / 62

- 5.1 HAProxy 的主要功能与特性 / 63
- 5.2 在操作系统上安装部署 HAProxy / 64
  - 5.2.1 用包管理工具安装 HAProxy / 65
  - 5.2.2 用源码安装 HAProxy / 67
- 5.3 配置 HAProxy / 70
  - 5.3.1 HAProxy 代理 HTTP / 70
  - 5.3.2 启用 HAProxy 日志功能 / 73
  - 5.3.3 HAProxy 代理 TCP / 75
  - 5.3.4 HAProxy 代理 HTTPS / 77
- 5.4 准备 HAProxy 运行状态检查脚本 / 81
- 5.5 整合 HAProxy 与 Keepalived / 82
  - 5.5.1 配置 Keepalived / 82
  - 5.5.2 配置 Keepalived 日志 / 84
- 5.6 验收交付 / 86

第 6 章 特殊高可用负载均衡集群 RHCS / 88

- 6.1 RHCS 基本组成 / 89
  - 6.1.1 RHCS 硬件组成 / 89
  - 6.1.2 RHCS 软件组成 / 89
  - 6.1.3 RHCS 运行的操作系统 / 90
- 6.2 部署 RHCS / 90
  - 6.2.1 为部署 RHCS 准备环境 / 91
  - 6.2.2 发布共享存储 iSCSI / 91
  - 6.2.3 安装 RHCS 相关的软件 / 100
- 6.3 主机挂接共享存储 iSCSI / 101
- 6.4 初始化 iSCSI 共享存储 / 101
- 6.5 安装 Tomcat 与 Oracle / 103
  - 6.5.1 安装 Tomcat / 103

6.5.2 安装 Oracle 数据库软件（不创建数据库）/ 106

6.5.3 创建 Oracle 监听器与网络服务命名 / 116

6.6 PCS 配置高可用 / 120

6.6.1 Web 管理后台创建 PCS 集群 / 121

6.6.2 PCS 新增资源 VIP / 123

6.6.3 创建资源"tomcat"及资源组"java_grp"/ 124

6.6.4 PCS 创建 Oracle 资源及资源组 / 126

6.6.5 PCS 配置 SBD FENCE 设备 / 132

6.7 PCS 功能验证 / 135

6.7.1 PCS 负载分发功能验证 / 135

6.7.2 PCS 健康检查功能验证 / 136

6.7.3 PCS 失败切换功能验证 / 136

6.8 杂项 / 138

第 7 章 MySQL 负载均衡与读写分离 / 139

7.1 MySQL 主库高可用 / 140

7.2 MySQL 主从复制 / 145

7.3 MySQL 读写分离代理 / 147

7.3.1 安装 Mycat 2 到系统 / 147

7.3.2 配置 Mycat 读写分离 / 150

7.3.3 Mycat 读写分离功能验证 / 156

7.4 读写分离代理 Mycat 负载均衡集群 / 158

7.5 杂项 / 158

第 8 章 MongoDB 负载均衡集群 / 160

8.1 安装 MongoDB / 162

8.2 分片服务 Shard 集群 / 164

8.3 MongoDB 配置服务器"Config Server"集群 / 167

8.4 Mongos 路由集群 / 169

8.4.1 Mongos 路由与配置集群关联 / 169

8.4.2 Mongos 路由与分片集群相关联 / 170

8.4.3 多路由 Mongos 状态同步验证 / 172

8.4.4 Mongos 路由负载均衡集群 / 174

8.5 MongoDB 数据分片 / 174

8.6 MongoDB 集群设置权限和认证 / 176

8.6.1 设置 MongoDB 数据库管理账号 / 177

8.6.2 MongoDB 集群内部身份验证 / 178

8.7 MongoDB 高可用集群功能验证 / 181

8.8 MongoDB 集群容量扩充与缩减 / 182

8.8.1 分片集群"Shard"容量扩充与缩减 / 183

8.8.2 配置集群"Config Server"容量扩充与缩减 / 185

8.8.3 路由集群"Mongos"容量扩充与缩减 / 186

第 9 章　负载均衡集群日常维护 / 187

9.1　负载均衡集群故障处理 / 187
9.2　负载均衡集群变更操作 / 189
9.3　负载均衡集群监控 / 190
9.4　负载均衡集群升级 / 193
9.5　负载均衡集群备份与恢复 / 193

第 1 章 负载均衡概述

负载均衡是应用高可用的基础,是实现应用高可用必不可少的组成部分。

负载均衡是一种计算机网络技术,旨在通过在多个服务器实例之间分配流量和工作负载,提高系统的性能、可靠性和可用性。负载均衡技术的主要目标是确保服务器在面对高流量和高并发请求时能够均匀分担负载,从而避免因某个服务器过载而导致性能下降或故障。

负载均衡技术在现代互联网架构中起着关键作用,特别是在处理高流量和高并发的应用场景下。例如,在 Web 服务器、应用服务器、数据库服务器和流媒体服务器中,都广泛使用了负载均衡技术。

本章会重点介绍负载均衡的概念、功能特性以及主要的呈现形式,最后还会给出学习负载均衡高可用集群的一些建议,总之,负载均衡技术在构建高性能、高可用性的网络架构中具有重要作用,通过优化资源利用、提高性能和可用性,帮助企业构建稳健、高效的服务架构。

1.1 负载均衡的定义

负载均衡,英文名称为 Load Balance,其含义就是指将负载

（工作任务）进行平衡，分摊到多个操作单元上运行，例如 FTP 服务器、Web 服务器、企业核心应用服务器和其他主要任务服务器等，从而协同完成工作任务。负载均衡构建在原有网络结构之上，它提供了一种透明且廉价有效的方法扩展服务器和网络设备的带宽，加强网络数据处理能力，增加吞吐量，提高网络的可用性和灵活性。

为便于理解，下面用一个图例（如图 1-1 所示）来粗略地诠释负载均衡这个概念，当然，这仅仅是负载均衡的某一种形式，而不是全部。

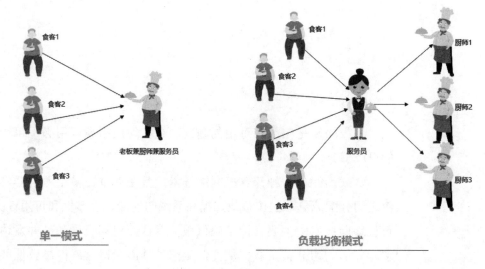

图 1-1

在袖珍型饭店，所有食客的菜品都由同一个厨师制作完成；而在具备一定规模的饭店，多个顾客的菜品需求被分配给多个厨师来完成，这就是负载均衡。

1.2 负载均衡在生产环境中的基本要求

在实际生产场景中，仅仅实现负载分发是远远不够的，还需要叠加其他要求，才能实现应用的高可用特性，这些要求包括：在线可扩展性、高可用性、多服务性等。

1.2.1 在线可扩展性

在线可扩展性指在负载均衡机器正常运行状态下，增加或缩减后端的应用（甚至是物理节点），不对用户的访问请求造成影响，客户端感觉不到这个操作产生的异常。

当业务增长，访问量增加到现有集群资源无法满足需求时，需要动态地增加系统或者物理设施；而当业务萎缩，用户访问请求减少时，为有效利用资源，降低成本，则需要适当缩减规模。不论哪一种情况，在线的可扩展性都是必要的。

1.2.2 高可用性

能用于实际生产的、最基本的负载均衡集群由两部分构成：负载均衡器及后端的应用服务器。负载均衡器成对配备，一主一备；后端的应用服务器至少两套（物理服务器或者虚拟主机），如图 1-2 所示。

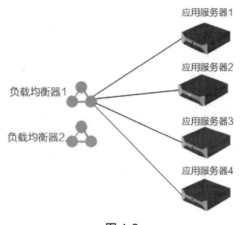

图 1-2

负载均衡集群包括两层高可用：负载均衡器本身的高可用及后端应用服务器的高可用。在前端，两台负载均衡器组成主备关系，任意一台设备发生故障，不会影响用户的访问，例如主负载均衡器故障，备用（辅助）负载均衡器会立即接替它的任务。后端的某个或多个应用服务器故障，负载均衡自动将其剔除转发队列，待故障修复，又会将其自动加入转发队列。简而言之，在负载均衡集群中，负载均衡器可以有一个设施失效，后端应用服务器也可以有一个或多个服务器失效（在保证负载不会把剩余应用服务器过载的情况下），彻底消除单点，大大提高服务或应用的可用性。

1.2.3 多服务性

多服务性，以笔者的理解就是通用性。同一个负载均衡体系结构中，可支持各种各样的应用或者服务，比如 Web、数据库甚至机构自己开发的应用。在网络协议层面，支持 TCP 及 UDP，主要应用场景还是以 TCP 协议的应用居多。

1.3 负载均衡的基本功能

负载均衡至少包括三个基本功能：负载分发、健康检查及失败切换。这三个功能是必不可少的，缺失任何功能，都会对可用性造成巨大的影响。

1.3.1 负载分发

负载分发就是负荷均摊，负载均衡器将多个不同来源的服务请求，按某种指定的算法，转发给后端真正提供服务的某一个应用服务器。正所谓人多力量大，通过这种方式，既增强了应用系统的吞吐容量，又增加了应用的可靠性。

随着服务器虚拟化技术的成熟和发展，应用部署在虚拟机上成为必然趋势。虽然现在主流的服务器配置非常强劲，可以支撑更多的虚拟机，部署更多的应用，但不要把所有的负载都集中到单一的物理服务器，这样对应用的可用性不起任何作用。

1.3.2 健康检查

负载均衡器对后端提供实际服务的应用实时探测，一旦发现后端服务发生故障，立即将其从转发队列中剔除，同时将请求转发到正常运行的后端应用（如图1-3所示），避免用户请求被转发到有故障的后端，从而导致失败。

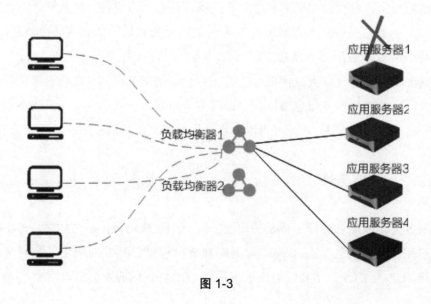

图 1-3

由章文嵩博士独自贡献的开源负载均衡利器（Linux Virtual Server，LVS），早期的版本是不具备健康检查这个功能的，需要与 Keepalived 组合，来实现负载均衡与健康检查。假定没有健康检查这个功能，负载均衡就会将部分请求转发到后端已经发生故障的应用服务器上，导致部分用户访问失败。一个例子就是，Web 访问时，刷新浏览器访问页面，一会儿正常，一会儿"该网页无法访问"。

1.3.3 负载均衡器失败切换

负载均衡器是成对出现的，一个充当主负载均衡器（MASTER），另一个作为辅助（备）负载均衡器（BACKUP）。一般情况下，辅助负载均衡器处于闲置状态，一旦主负载均衡器发生故障，辅助负载均衡器自动接替主负载均衡器的工作，这个机制称为失败切换（Failover），如图 1-4 所示。

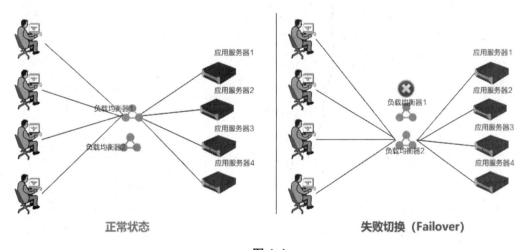

图 1-4

通用性负载均衡器包括硬件及软件，皆是成对出现的，笔者暂时不确定是否可以由三个或者三个以上的负载均衡器组成集群实现失败切换，读者如果知晓，请告知。

1.4 负载均衡器的呈现形式

负载均衡器的呈现形式主要有两种：硬件集成负载均衡器与部署在通用系统上的软件负载均衡器。硬件负载均衡器多为商业化产品，而软件负载均衡器多基于开源工具的组合，如 LVS、Keepalived。

笔者从业20多年来，仅使用或接触过F5 Big-IP、A10 networks链路负载均衡器。商业版本的负载均衡器，除了价格昂贵外还有一个因素会给用户带来困扰。某次一对负载均衡器中的一个发生故障，提交服务请求给设备供货商，供货商让先提供错误日志，厂商根据日志初判问题所在，来回数次交涉，最终答应更换设备，这一番折腾，耗费了很多时间，幸亏另外一台没有发生故障，否则业务会全部瘫痪，造成重大损失。而用服务器加开源的负载均衡方案，则灵活性好得多，发生故障如果短时间恢复不了，可立即换服务器重新部署，不至于耽误时间。当然在资金充裕的情况下，可以多买几套设备备用，一旦故障，立马启用备用设备。

1.5 其他负载均衡类型

笔者熟知并使用过的另类负载均衡主要有两种：一种是数据库厂商Oracle的RAC（Real Application Clusters）负载均衡；另一种是PCS（Pacemaker Corosync Service）。Oracle RAC负载均衡在架构上与通用负载均衡架构类似，而PCS的架构就很特别了，它是由多台机器运行多个不同的项目或应用，当一个节点发生故障不可用时，所有的项目或应用转移到同一台机器上运行。

1.5.1 Oracle RAC负载均衡集群

Oracle RAC负载均衡集群由Oracle专属的服务器端与客户端组成，通过配置监听器与TNS（Transparence Network Substrate），两者配合以达到负载均衡的目的，提高吞吐量和高可用性。Oracle RAC既可基于客户端负载均衡，也可基于服务器端的负载均衡，使用者根据业务场景或者使用习惯做选择。

1.5.2 PCS负载均衡

PCS被知名操作系统厂商Redhat收入囊中以后，更名为RHCS（Red Hat High-Availability Cluster Service），后文中RHCS与PCS通用，都是同一个意思。通常情况下，RHCS由"两个物理节点（服务器）+一套共享存储"组成，其基本结构如图1-5所示。

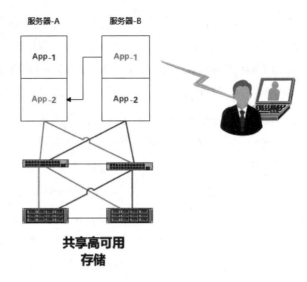

图 1-5

作为 Redhat 曾经的现场技术顾问，了解到银行、证券等偏传统的行业，RHCS 的使用比较普遍，一般是承载应用程序（如 WebSphere Application Server，WAS）与数据库（Oracle 单实例或 DB2）集群。部署好高可用集群以后，应用程序会随机分布到某个服务器，而数据库则被自动分配到另外一个服务器，哪个服务器启动数据库，那个服务器就独自挂接共享存储（排他性避免数据讹误）。一旦某个服务器发生故障，应用及数据库将同时运行在状态健康的那个服务器上，同步挂接共享存储。

1.6 与负载均衡不离不弃 20 年

自 21 世纪初以来（大概是 2003 年夏季），直到当前，用得最久的工具除了操作系统外，就只有负载均衡了。这可能与笔者的工作场景和坚持有关系，所负责的网络都具有一定规模（最多时管理 500 多个物理服务器）、访问量较大，对可用性要求比较高。这里申明一下，不是所有的应用都处于负载均衡集群之下，只有那些访问量大、关键性的应用才是如此，这样既保证核心应用的可用性，又充分合理地利用资源，避免无谓的浪费。

1.6.1 初识负载均衡 LVS

时间回到 ADSL 拨号上网时代，那个时候还没有服务器虚拟化技术（至少还没有普及），笔者只有一台自己组装的台式机，要试验简单的负载均衡功能，至少需要3台独立的主机，怎么办呢？

有一家在亚运村做 SAP 服务的公司，技术人员周某学知晓笔者想做负载均衡试验，主动联系笔者，说他能提供帮助：具体的情况是他所在的公司有两台空闲的台式电脑，周末没人上班的时候过去操作，并告知他技术的关键点。

一个夏天的早晨，烈日当空，抱着一个主机箱坐公交车到了亚运村那个愿意提供条件的公司。搬来那两台空闲的台式机，迫不及待地给其安装好 Redhat 7 操作系统（不是现在的 RHEL 7），加上笔者自己的主机，一共是 3 台。一台做负载均衡器，部署 LVS（Linux Virtual Server），另外两台安装 Apache，提供 Web 服务。全部联网，并且确保在客户端远程可以访问到每个服务器的 Web 页面。每台 Web 提供的访问页面（默认页）做了标识，以便确认通过负载均衡转发请求实际到了哪个系统。LVS 负载均衡 DR 模式配置非常简单，一个 Shell 脚本和一个 TCP 转发设置就够了。试验很顺利，也得到想要的结果，对负载均衡有了直观的感受，虽然天气炎热，但还是挺激动的。

1.6.2　从开始到现在

真正把负载均衡用到实际工作环境是在上述功能测试完，换了一个新的工作以后，服务器的规模比上一个供职的机构大，而且访问量也比较大。在征得决策人同意后，决定将负载均衡用于生产环境，提高可用性和系统资源利用率。与单纯的试验相比较，真实环境还要加入健康检查和失败切换。加入这些功能以后，后端提供服务的真实服务器（Real Server）发生故障会被负载均衡从转发队列剔除，不影响用户的访问；而失败切换对于负载均衡器本身，增加了一层可靠性保障，从而在整体系统架构上，彻底消除单点故障。虽然以 LVS 搭配 Keepalived 做负载均衡比较简单粗糙，不能实现应用层面细粒度的负载分发，但其产生的效果却是有目共睹的，满足了当时的实际需求。

网络层面的直接转发，也就是通常意义上的四层负载均衡，不能满足一些特殊的应用场景，比如主机名相同但 URL 路径不同，需要将用户请求转发到不同的后端，这属于应用层次的负载均衡，有些人将它称为七层负载均衡。与网络层负载均衡相比较，控制粒度要精细得多，能实现的目标也要广泛得多。如图 1-6 显示了这种功能的演进。

随着服务器虚拟化技术的发展和成熟，将负载均衡集群中提供真正服务的服务器（Real Server）部署到虚拟化平台，用虚拟化平台的高可用（VirtualHost HA）功能为其提供可靠性（如图 1-7 所示），由此带来的好处是，整个负载均衡集群的可用性提高了一个量级。

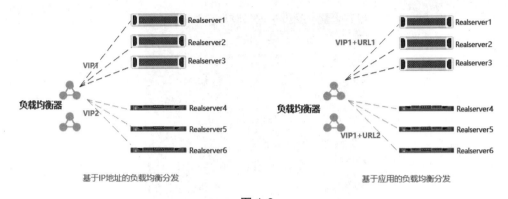

图 1-6

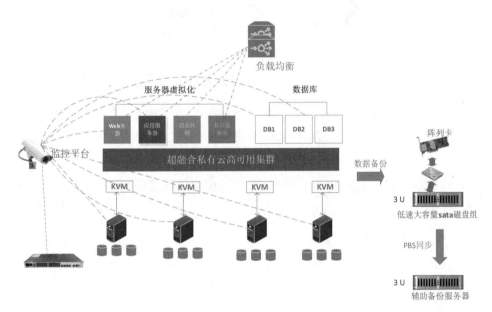

图 1-7

以上所述，就是笔者 20 多年来使用负载均衡实现高可用的一个技术轨迹。

1.7 学习负载均衡高可用集群的一些建议

当前学习和试验 IT 技术的条件远胜于笔者当年，一个小小的迷你主机，不管是便携性还是性能上，都是不可同日而语的。笔者现在做试验，配备的是一款小巧且性能强劲的迷你主机（如图 1-8 所示）。技嘉的品牌，4 核 8 线程 CPU，24GB 内存，

1TB 存储。安装上虚拟化神器 Proxmox VE（简称 PVE），就可以随心所欲地进行各种模拟试验。

图 1-8

像这样的配置的迷你主机，当前的价格大概在 2000 元，还不如一个高档手机的价格，如果觉得配置不够，可以自行增加。笔者认为，工作机与学习测试机分开用比较好，工作机作为试验的客户端，测试机随便重装系统、格式化等风险性操作，不对工作数据产生影响。

至于如何在迷你机安装 Proxmox VE 并运行虚拟机，请参看《Proxmox VE 超融合集群实践真传》（清华大学出版社）一书相关内容。

第 2 章　负载均衡的功能

如第 1 章所述，负载均衡有三个基本功能（负载分发、健康检查、失败切换），接下来，我们将按照功能叠加的线路，从简单到复杂来进行介绍，这样安排会更加清晰，也利于初学者学习。

2.1 负载均衡负载分发

负载分发是负载均衡最简单的功能，它是将来自不同源端的请求按一定的规则，分发到提供相同服务的、非同一后端，再按一定的路径将信息反馈给请求者。后端可以是物理主机，也可以是虚拟主机。最简单的负载均衡分发，是基于 IP 地址及端口号。需要注意的是，在实际应用场景中，不建议对 UDP 协议的应用进行负载均衡，因为基于 UDP 协议的转发无法获取其状态。

2.1.1　LVS 负载均衡集群简介

LVS 负载均衡集群至少需要准备三台物理主机或虚拟主机，一台做负载均衡器，另外两台作为后端 Web 服务，也就是提供真实服务的主体，术语称为 Real Server。三台机器都预先安装好 Linux 操作系统，一台用于验证的安装了 Windows 系统的电脑，整体布局如图 2-1 所示。

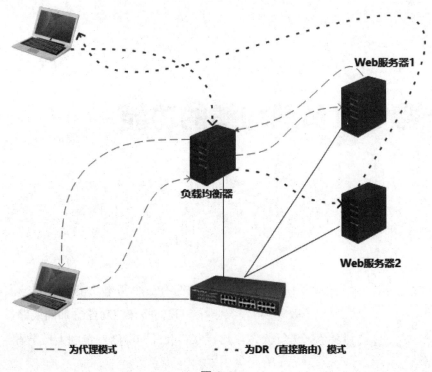

———— 为代理模式　　　‥‥‥ 为DR（直接路由）模式

图 2-1

LVS 负载均衡集群有三种模式：直接路由模式 DR、网络地址转换模式 NAT 和隧道模式 TUN。基于可靠性考虑，DR 模式与 NAT 模式较为常用，笔者也未有跨地区、跨网络实施 TUN 的经验，因此在本书中不对 TUN 做介绍，望读者谅解。

2.1.2　LVS 直接路由负载均衡集群

直接路由（DR）模式的数据路线为：用户的请求到达负载均衡器，由负载均衡器按某种制定好的策略将请求分发到后端某个真实服务提供者，接着这个服务提供者直接将数据或信息返回给用户（如图 2-2 所示）。

图 2-2

在弄清楚直接路由模式的机制之后，接下来进行技术实现。

1. 准备 Web 服务

两台 Linux 服务器部署好 Web 服务，可以是 Apache，也可以是 Nginx，默认安装，启动服务，能从浏览器远程访问到默认页面即可。用编辑器手写一个最简单页面文件"test.html"，存储在 Web 服务的根文档路径下，其内容随意，后端两台服务器都要这样处理。然后分别用浏览器访问这两个不同服务器的"test.html"文件，能正确访问手写的测试页面（如图 2-3 所示），即可进行下一步操作。

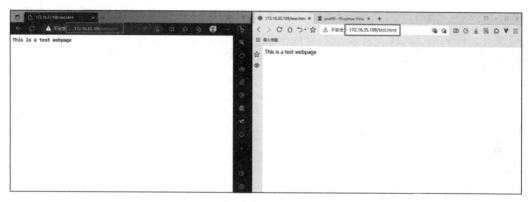

图 2-3

2. 准备负载均衡器环境

由章文嵩博士贡献的 LVS，已经合并到 Linux 的内核，因此绝大部分的 Linux 操作系统发行版都能对它有很好的支持。部署好负载均衡器的操作系统以后，先检查系统内核是否存在 LVS 对应的模块"ipvs"，以笔者的 Suse 15 为例，查看内核是否包含模块"ipvs"的指令如下：

```
localhost:~ grep ip_vs /lib/modules/* -r
/lib/modules/5.14.21-150400.22-default/modules.order:kernel/net/
netfilter/ipvs/ip_vs.ko
/lib/modules/5.14.21-150400.22-default/modules.order:kernel/net/
netfilter/ipvs/ip_vs_rr.ko
/lib/modules/5.14.21-150400.22-default/modules.order: kernel/net/
netfilter/ipvs/ip_vs_wrr.ko
/lib/modules/5.14.21-150400.22-default/modules.order: kernel/net/
netfilter/ipvs/ip_vs_lc.ko
……………………省略若干……………………
```

从输出可知，内核包含了模块"ip_vs"。如果使用"modprode"这种常规的方法，也可以验证内核模块"ip_vs"的存在，如图 2-4 所示。

```
localhost:/lib/modules # modprobe ip_vs
localhost:/lib/modules # lsmod | grep ip_vs
ip_vs                  180224  0
nf_conntrack           176128  3 nf_nat,nft_ct,ip_vs
nf_defrag_ipv6          24576  2 nf_conntrack,ip_vs
libcrc32c               16384  6 nf_conntrack,nf_nat,btrfs,nf_tables,xfs,ip_vs
localhost:/lib/modules #
```

图 2-4

有了 Linux 操作系统内核对的支持，还需要工具"ipvsadm"来管理调用内核模块"ip_vs"。通常情况下，"ipvsadm"不会被默认安装到系统，因此需要手动对其进行安装。不同的 Linux 操作系统发行版安装各有不同，笔者选用的版本为"Suse 15"，其安装指令如下：

```
localhost:/lib/modules # zypper search-packages ipvsadm
Following packages were found in following modules:

Package              Module or Repository
SUSEConnect Activation Command
-------------------  ------------------------------------------------
-----  ----------------------------------------------------
ipvsadm              Basesystem Module (sle-module-basesystem/15.4/
x86_64) SUSEConnect --product sle-module-basesystem/15.4/x86_64
ipvsadm-debuginfo    Basesystem Module (sle-module-basesystem/15.4/
x86_64) SUSEConnect --product sle-module-basesystem/15.4/x86_64
ipvsadm-debugsource  Basesystem Module (sle-module-basesystem/15.4/
x86_64) SUSEConnect --product sle-module-basesystem/15.4/x86_64
ipvsadm              Available in repo Basesystem-Module_15.4-0

localhost:/lib/modules # zipper install ipvsadm
Loading repository data...
Reading installed packages...
Resolving package dependencies...

The following NEW package is going to be installed:
  ipvsadm

1 new package to install.
Overall download size: 47.4 KiB. Already cached: 0 B. After the
operation, additional 73.0 KiB will be used.
Continue? [y/n/v/...? shows all options] (y):
```

按 Y 键进行安装。安装非常容易，并能很快完成，如图 2-5 所示。

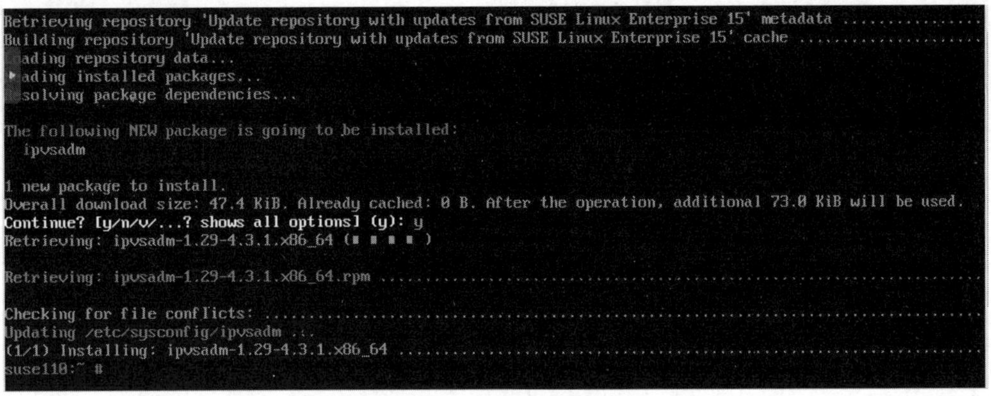

```
Retrieving repository 'Update repository with updates from SUSE Linux Enterprise 15' metadata .........
Building repository 'Update repository with updates from SUSE Linux Enterprise 15' cache .........
ading repository data...
ading installed packages...
solving package dependencies...

The following NEW package is going to be installed:
  ipvsadm

1 new package to install.
Overall download size: 47.4 KiB. Already cached: 0 B. After the operation, additional 73.0 KiB will be used.
Continue? [y/n/v/...? shows all options] (y): y
Retrieving: ipvsadm-1.29-4.3.1.x86_64 (■ ■ ■ )
Retrieving: ipvsadm-1.29-4.3.1.x86_64.rpm

Checking for file conflicts: .........
Updating /etc/sysconfig/ipvsadm ...
(1/1) Installing: ipvsadm-1.29-4.3.1.x86_64
suse110:~ #
```

图 2-5

如果选用的操作系统发行版是 Debian，则用指令"apt-get install ipvsadm"进行安装；如果操作系统是 CentOS/RHEL 发行版，则使用的安装指令是"yum install ipvsadm"。需要注意的是，"ipvsadm"的版本更新不在官网 www.linuxvirtualserver.org 发布，读者可从 https://centos.pkgs.org/9-stream/centos-appstream-x86_64/ipvsadm-1.31-8.el9.x86_64.rpm.html 找到较新发行版封装包。Linux 或 Unix 老手们，还可以下载"ipvsadm"源码，自行编译安装，下载的地址为 https://mirrors.edge.kernel.org/pub/linux/utils/kernel/ipvsadm，访问此 URL，选择相应的源码包进行下载，如图 2-6 所示。

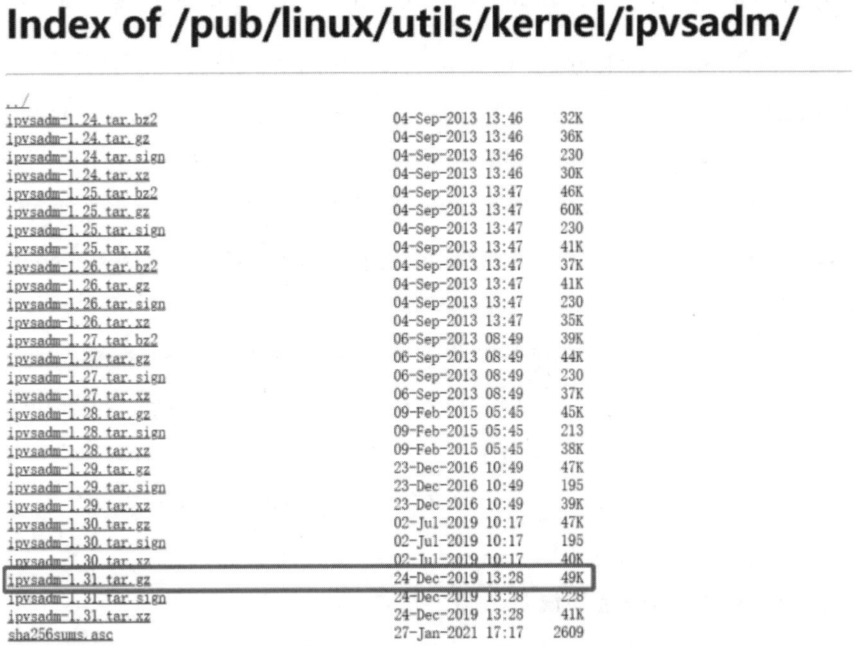

Index of /pub/linux/utils/kernel/ipvsadm/

../		
ipvsadm-1.24.tar.bz2	04-Sep-2013 13:46	32K
ipvsadm-1.24.tar.gz	04-Sep-2013 13:46	36K
ipvsadm-1.24.tar.sign	04-Sep-2013 13:46	230
ipvsadm-1.24.tar.xz	04-Sep-2013 13:46	30K
ipvsadm-1.25.tar.bz2	04-Sep-2013 13:47	46K
ipvsadm-1.25.tar.gz	04-Sep-2013 13:47	60K
ipvsadm-1.25.tar.sign	04-Sep-2013 13:47	230
ipvsadm-1.25.tar.xz	04-Sep-2013 13:47	41K
ipvsadm-1.26.tar.bz2	04-Sep-2013 13:47	37K
ipvsadm-1.26.tar.gz	04-Sep-2013 13:47	41K
ipvsadm-1.26.tar.sign	04-Sep-2013 13:47	230
ipvsadm-1.26.tar.xz	04-Sep-2013 13:47	35K
ipvsadm-1.27.tar.bz2	06-Sep-2013 08:49	39K
ipvsadm-1.27.tar.gz	06-Sep-2013 08:49	44K
ipvsadm-1.27.tar.sign	06-Sep-2013 08:49	230
ipvsadm-1.27.tar.xz	06-Sep-2013 08:49	37K
ipvsadm-1.28.tar.gz	09-Feb-2015 05:45	45K
ipvsadm-1.28.tar.sign	09-Feb-2015 05:45	213
ipvsadm-1.28.tar.xz	09-Feb-2015 05:45	38K
ipvsadm-1.29.tar.gz	23-Dec-2016 10:49	47K
ipvsadm-1.29.tar.sign	23-Dec-2016 10:49	195
ipvsadm-1.29.tar.xz	23-Dec-2016 10:49	39K
ipvsadm-1.30.tar.gz	02-Jul-2019 10:17	47K
ipvsadm-1.30.tar.sign	02-Jul-2019 10:17	195
ipvsadm-1.30.tar.xz	02-Jul-2019 10:17	40K
ipvsadm-1.31.tar.gz	24-Dec-2019 13:28	49K
ipvsadm-1.31.tar.sign	24-Dec-2019 13:28	228
ipvsadm-1.31.tar.xz	24-Dec-2019 13:28	41K
sha256sums.asc	27-Jan-2021 17:17	2609

图 2-6

安装好"ipvsadm"后，用如下指令验证其正确性：

```
suse110:~ # ipvsadm
IP Virtual Server version 1.2.1 (size=4096)
Prot LocalAddress:Port Scheduler Flags
  -> RemoteAddress:Port           Forward Weight ActiveConn InActConn

suse110:~ # lsmod | grep ip_vs
ip_vs                  180224  0
nf_conntrack           176128  3 nf_nat,nft_ct,ip_vs
nf_defrag_ipv6          24576  2 nf_conntrack,ip_vs
libcrc32c               16384  5 nf_conntrack,nf_nat,btrfs,nf_tables,
ip_vs
```

3. 配置负载均衡器

通常情况下，不直接用 ip_vs 模块管理工具 ipvsadm 在命令行逐个敲指令来做配置，而是写成一个 Shell 脚本，比如以"lvs_dr.sh"命名，该脚本内容如下：

```
#! /bin/bash
echo 1 > /proc/sys/net/ipv4/ip_forward
ifconfig vmbr0:0 172.16.35.188 netmask 255.255.255.255 up
ipvsadm -C
ipvsadm -A -t 172.16.35.188:80 -s rr
ipvsadm -a -t 172.16.35.188:80 -r 172.16.35.108:80 -g -w 100
ipvsadm -a -t 172.16.35.188:80 -r 172.16.35.109:80 -g -w 100
```

手动执行命令"sh -n /usr/local/bin/lvs_dr.sh"验证 shell 脚本语法的正确性。这里，我们不急着去运行 shell 脚本，待笔者把这个脚本的一些选项和参数做一些介绍后，再实际执行。

（1）echo 1 > /proc/sys/net/ipv4/ip_forward，启用"ip"转发，在笔者的测试中，不启用这个功能，将不能实现期待的功能。这个设置，也可以直接写到系统配置文件"/etc/sysctl.conf"，用指令"echo net.ipv4.ip_forward=1 >>/etc/sysctl.conf"执行"sysctl -p"，产生的效果是一样的。

（2）ifcong vmbr0:0，给网卡加个别名，并设置附加的"ip"地址，地址的设置与常规的设置不同，它的掩码是 32 位（4 个 255）。需要注意的是，网络接口名称对于不同的 Linux 发行版，命名可能存在差异，比如有 eth0 的、有 ens18 的，在撰写脚本的时候，用"ip add"的系统命令获取名称，按取得的实际名称输入，比如笔者的 Debian 系统，输出的是"vmbr0"。

（3）ipvsadm 的参数及选项说明。

选项"-C"。代表"clear"，清除已有的设定。

选项"-A"。代表"add service"，添加服务，可以是 Web 服务"http"，也可以是其他。

选项“-t”。TCP 协议。这里再强调一下，不建议转发 UDP 协议。

选项“-s”。等同于“scheduler”，负载均衡调度算法，通常支持 rr（轮询）、wrr（加权轮询）等。

选项“-a”。等同于“add server”，注意与选项“-A”的区别。

选项“-r”。等同于“Real Server”，后端真实提供服务的服务器。

选项“-g”。网关模式，即直接路由模式，还有地址转换模式（NAT）的选项“-m”。

选项“-w”。权重值设定，根据后端服务器的性能，设定不同的权重，能者多劳。建议在实际环境中，设施的配备尽量趋同，这样能降低维护成本。

选项“-h”，在命令行执行“ipvsadm -h”，可得到更详细的输出。

（4）参数 VIP（virtual）。对访问者提供，负载均衡器与后端真实服务器都需要设定，在后边相关章节中，这个 VIP 地址还可以在不同的负载均衡器实现自动漂移，保证服务的可用性。

好了，现在来真正运行该脚本，验证其正确性。方式大概有两种：一种是查看设定的网络别名地址是否生效；另一种则是查看“ipvsadm”设定的规则是否生效。

①负载均衡器宿主系统命令行执行指令“ip add”，查看设置的网卡别名地址是否生效。如图 2-7 所示为某个设置正确的地址输出。

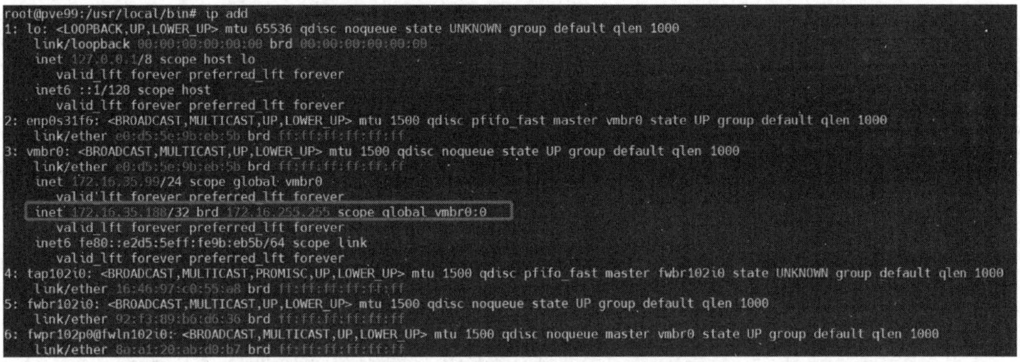

```
root@pve99:/usr/local/bin# ip add
1: lo: <LOOPBACK,UP,LOWER_UP> mtu 65536 qdisc noqueue state UNKNOWN group default qlen 1000
    link/loopback 00:00:00:00:00:00 brd 00:00:00:00:00:00
    inet 127.0.0.1/8 scope host lo
       valid_lft forever preferred_lft forever
    inet6 ::1/128 scope host
       valid_lft forever preferred_lft forever
2: enp0s31f6: <BROADCAST,MULTICAST,UP,LOWER_UP> mtu 1500 qdisc pfifo_fast master vmbr0 state UP group default qlen 1000
    link/ether e0:d5:5e:9b:eb:5b brd ff:ff:ff:ff:ff:ff
3: vmbr0: <BROADCAST,MULTICAST,UP,LOWER_UP> mtu 1500 qdisc noqueue state UP group default qlen 1000
    link/ether e0:d5:5e:9b:eb:5b brd ff:ff:ff:ff:ff:ff
    inet 172.16.35.99/24 scope global vmbr0
       valid_lft forever preferred_lft forever
    inet 172.16.35.188/32 brd 172.16.255.255 scope global vmbr0:0
       valid_lft forever preferred_lft forever
    inet6 fe80::e2d5:5eff:fe9b:eb5b/64 scope link
       valid_lft forever preferred_lft forever
4: tap102i0: <BROADCAST,MULTICAST,PROMISC,UP,LOWER_UP> mtu 1500 qdisc pfifo_fast master fwbr102i0 state UNKNOWN group default qlen 1000
    link/ether 16:46:97:c0:55:a8 brd ff:ff:ff:ff:ff:ff
5: fwbr102i0: <BROADCAST,MULTICAST,UP,LOWER_UP> mtu 1500 qdisc noqueue state UP group default qlen 1000
    link/ether 92:f3:89:b6:d6:36 brd ff:ff:ff:ff:ff:ff
6: fwpr102p0@fwln102i0: <BROADCAST,MULTICAST,UP,LOWER_UP> mtu 1500 qdisc noqueue master vmbr0 state UP group default qlen 1000
    link/ether 8a:a1:20:ab:d0:b7 brd ff:ff:ff:ff:ff:ff
```

图 2-7

②负载均衡器任意路径执行指令“ipvsadm”，查看其输出，如图 2-8 显示设定的规则被正确输出。

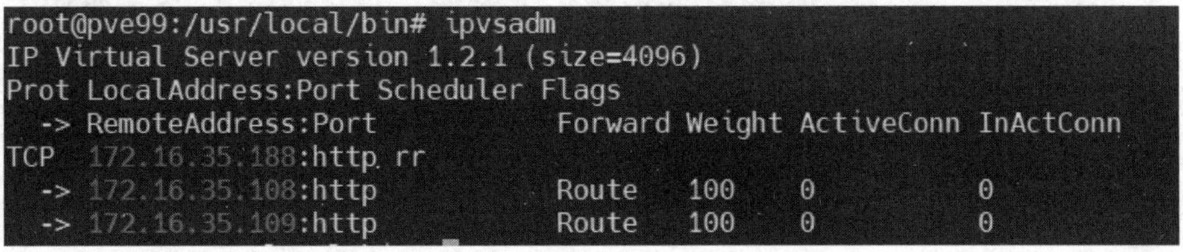

```
root@pve99:/usr/local/bin# ipvsadm
IP Virtual Server version 1.2.1 (size=4096)
Prot LocalAddress:Port Scheduler Flags
  -> RemoteAddress:Port           Forward Weight ActiveConn InActConn
TCP  172.16.35.188:http rr
  -> 172.16.35.108:http           Route   100    0          0
  -> 172.16.35.109:http           Route   100    0          0
```

图 2-8

4. 配置后端真实服务器

后端真实服务器分为设置网卡别名及 ARP（Address Resolution Protocol）抑制两部分。与负载均衡的配置方式相仿，将这两个功能的配置撰写成 Shell 脚本，方便维护和管理。根据笔者的习惯，通常将脚本放置在目录"/usr/local/bin"，脚本的名字为 lvs_rs.sh，其完整内容如下：

```bash
#!/bin/bash
ifconfig lo:0 172.16.35.188 netmask 255.255.255.255 up
echo "1" >/proc/sys/net/ipv4/conf/lo/arp_ignore
echo "2" >/proc/sys/net/ipv4/conf/lo/arp_announce
echo "1" >/proc/sys/net/ipv4/conf/all/arp_ignore
echo "2" >/proc/sys/net/ipv4/conf/all/arp_announce
```

这个脚本有两点需要特别注意，弄错了将不能达到期望的目的。

（1）网口别名及别名地址是绑定在环回口"lo"（Loopback），而不是实际的物理网络接口。

（2）撰写 Shell 脚本最好在 Linux 系统用"vi"工具，尽可能不要在 Windows 系统中用记事本或者 Word 编写后上传到服务器。

这里有一个疑问，为什么要做 ARP 抑制？因为在同一个局域网络（网段）内，通常情况下 IP 地址必须唯一，否则将出现网络地址冲突，导致一些主机无法正常联网。ARP 抑制就是解决同一局域网内，多个系统设置同一 IP 不发生地址冲突的唯一措施。关于 ARP 地址解析协议更详细的内容，请读者自行阅读其他相关书籍或文档，这里不做过多介绍。

确认在后端真实服务器撰写的 Shell 脚本没有书写和语法错误之后，运行脚本"lvs_rs.sh"，没有输出即可初步认为该脚本没有问题。当然，验证运行脚本后的正确性是很必要的，操作如下。

（1）查看环回接口 lo 是否绑定了额外的 VIP，指令及输出如图 2-9 所示。

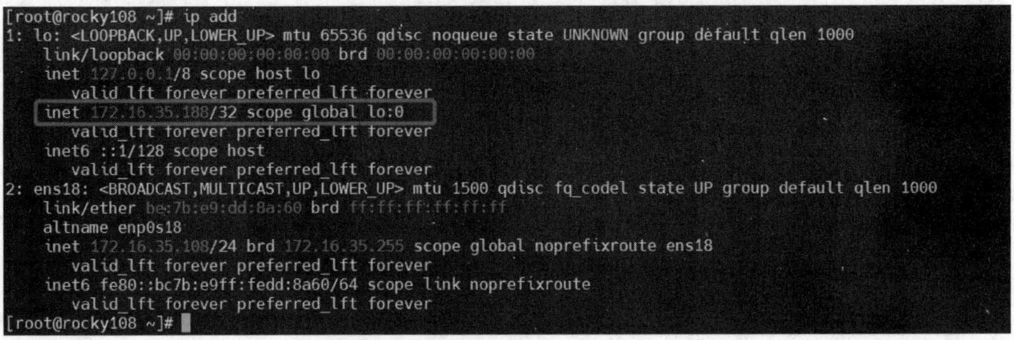

图 2-9

（2）查看 ARP 抑制设定是否生效的指令及输出，如图 2-10 所示。

```
[root@rocky108 ~]# sysctl -p|grep arp|grep -v 0
net.ipv4.conf.lo.arp_ignore = 1
net.ipv4.conf.lo.arp_announce = 2
net.ipv4.conf.all.arp_ignore = 1
net.ipv4.conf.all.arp_announce = 2
[root@rocky108 ~]#
```

图 2-10

5. 直接路由模式负载均衡功能验证

负载均衡器与所有后端服务器配置完毕，且每个部分功能检验都处于正常状态，包括 Web 能分别直接用浏览器访问、VIP 可通达等。客户端用命令行（Linux Curl 等）或者浏览器，访问负载均衡设定的、带 VIP 地址的 URL，验证其正确性，如图 2-11 所示。

图 2-11

频繁刷新浏览器所访问到的页面，切换到负载均衡服务器系统命令行，执行指令"ipvsadm -Lcn（用选项 -lcn 也是一样）"，查看用户的访问路径（访问来源与目标去处），如图 2-12 所示。

```
root@pve99:~# ipvsadm -Lcn
IPVS connection entries
pro expire state       source              virtual             destination
TCP 14:56  ESTABLISHED 172.16.35.19:61427  172.16.35.188:80    172.16.35.108:80
TCP 00:58  SYN_RECV    172.16.35.19:61436  172.16.35.188:80    172.16.35.109:80
TCP 00:44  SYN_RECV    172.16.35.19:61426  172.16.35.188:80    172.16.35.109:80
root@pve99:~#
```

图 2-12

注意观察图 2-12 的输出，对于后端真实服务器"172.16.35.109"的状态值是"SYN_RECV"而不是"ESTABLISHED"，这是因为笔者把后端服务器"172.16.35.109"的 Web 服务给停止了，但负载均衡器不管不顾，傻傻地把用户的请求转发过去，导致一部分用户访问 Web 时好时坏，这有功能缺失（健康检查 Health Check），还不能用于实际生产。

2.1.3 LVS 网络地址转换负载均衡

与直接路由模式 DR 相比，网络地址转换（NAT）负载均衡的用户访问路径是不同的，数据的进出都要通过负载均衡器，如图 2-13 显示了这种差异。

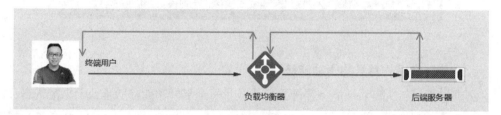

图 2-13

基于网络地址转换（NAT）的负载均衡集群，至少存在两个网络，一个对外提供访问，另一个与后端真实服务器组成同一网段集群。因此，负载均衡器本身至少需要两个网络接口，才能实现地址转换。为了更清楚地表达 NAT 与 DR 两种模式在网络上的异同，请读者参看表 2-1。

表 2-1

名称	直接路由模式 DR	地址转换模式 NAT
负载均衡器	单网卡，VIP 与物理网络同网段	两个网卡，VIP 与对外通信的网卡同网段
后端真实服务器	单网卡，VIP 以别名方式绑定到环回接口 lo	单网卡，默认网关设置为负载均衡器的内网地址

继续以"172.16.35.188"为负载均衡的 VIP 地址，负载均衡器的网络物理地址为"172.16.35.88"与"172.17.35.99"，后端两个真实服务器的网络地址分别为"172.17.35.108"与"172.17.35.109"，并确保此两个后端真实服务器提供的 Web 服务访问正常。

1. NAT 模式负载均衡器配置

登录负载均衡宿主系统 Linux，命令行下用指令"vi /usr/local/bin/lvs_nat.sh"撰写脚本，其内容如下：

```
#!/bin/bash
echo 1 >/proc/sys/net/ipv4/ip_forward
ifconfig vmbr0:0 172.16.35.188 netmask 255.255.255.255 up
ipvsadm -C
ipvsadm -A -t 172.16.35.188:80 -s rr
ipvsadm -a -t 172.16.35.188:80 -r 172.17.35.108:80 -m -w 100
ipvsadm -a -t 172.16.35.188:80 -r 172.17.35.109:80 -m -w 100
```

脚本中"ipvsadm"选项"-m"等同于"masquerading",中文意思为地址伪装,与直接路由模式 DR 的选项"-g"相对应。

2. 后端真实服务器配置

仅仅需要把系统的默认网关改成负载均衡器内网网卡的 IP 地址就可以了。如果因为改默认网关导致从别的网络访问不到后端真实服务器系统,可通过给后端真实服务器加静态路由或从负载均衡器通过 SSH 客户端转登的方式管理它们。添加好默认网关(路由)后,用系统命令行指令"ip route"查看是否生效,如图 2-14 所示。

```
[root@rocky101 ~]# ip route
default via 172.17.35.99 dev ens19 proto static metric 100
172.17.35.0/24 dev ens19 proto kernel scope link src 172.17.35.109 metric 100
[root@rocky101 ~]#
```

图 2-14

3. 网络地址转换模式(NAT)集群功能验证

负载均衡器系统命令行运行撰写的脚本"sh /usr/local/bin/lvs_nat"(也可以任意命令行执行"lvs_nat.sh"),脚本无误的话,不会有输出。然后在任意远端用浏览器或命令行访问 Web 服务器(带 VIP 地址的 URL),例如 Linux 或者 UNIX 系统用"Curl"访问,正确的输出应该如图 2-15 所示。

```
root@pve20:~# cat /etc/issue.net
Debian GNU/Linux 11
root@pve20:~# curl -I http://172.16.35.188/test.html
HTTP/1.1 200 OK
Server: nginx/1.20.1
Date: Sat, 01 Apr 2023 09:25:05 GMT
Content-Type: text/html
Content-Length: 23
Last-Modified: Sun, 26 Mar 2023 06:24:41 GMT
Connection: keep-alive
ETag: "641fe529-17"
Accept-Ranges: bytes

root@pve20:~#
```

图 2-15

同样,在负载均衡器上,用指令"ipvsadm -lcn"查看更多的信息,了解源来自哪里,转发到哪里,如图 2-16 所示。

对于 NAT 模式负载均衡集群来说,有以下两点需要了解。

(1)不需要做 ARP 抑制。

(2)负载均衡器不需要用"iptable"做 IP 地址伪装。

```
root@pve99:~# ipvsadm -lcn
IPVS connection entries
pro expire state       source              virtual             destination
TCP 14:53  ESTABLISHED 172.16.35.19:50484  172.16.35.188:80    172.17.35.108:80
TCP 14:49  ESTABLISHED 172.16.35.19:50477  172.16.35.188:80    172.17.35.109:80
TCP 14:50  ESTABLISHED 172.16.35.19:50476  172.16.35.188:80    172.17.35.108:80
root@pve99:~#
```

图 2-16

2.2 负载均衡健康检查

LVS 负载均衡集群本身不具备后端真实服务器健康检查功能，即便后端的某个真实服务器发生故障，负载均衡调度器依然会将某些用户的请求转发到故障机，产生糟糕的用户体验。基于应用高可用性的要求，如果后端真实服务器发生故障，应该立即将其从负载均衡器的调度转发队列中清除，待后端真实服务器故障修复时，会自动加入转发队列。为演示健康检查这个必需的功能，下面我们将脱离 LVS，以 Nginx 为例进行讲解。

2.2.1 负载均衡器 Nginx 部署及配置

任意一款较新版本的 Linux 操作系统，都应该支持用包安装工具直接进行安装，比如 CentOS Stream 9 用"yum install nginx（或者 dnf install nginx）"、Debian 11 用"apt install nginx"，如图 2-17 显示的是 Nginx 在 Linux 操作系统发行版 Suse 15 下安装的例子。

```
suse110:~ # zypper in nginx
Retrieving repository 'Update repository with updates from SUSE Linux Enterprise 15' m
Building repository 'Update repository with updates from SUSE Linux Enterprise 15' cac
Loading repository data...
Reading installed packages...
Resolving package dependencies...

The following NEW package is going to be installed:
  nginx

1 new package to install.
Overall download size: 703.3 KiB. Already cached: 0 B. After the operation, additional
Continue? [y/n/v/...? shows all options] (y):
```

图 2-17

如果希望使用最新的 Nginx 稳定版本，可到 Nginx 官方网站下载源码，自行进行定制安装。

用操作系统包管理工具安装好的 Nginx，所需的配置文件路径一般在系统的"/etc/nginx"目录。找到主配置文件"nginx.conf"，对其进行简单的改造，使其成为负载均衡器，并具备后端真实服务器健康检查的功能。

Nginx 单节点做负载均衡调度器，不需要设置 VIP，也不需要与后端真实服务器在同一个网段，只要能与后端互联互通即可。

一个去掉注释且具备负载均衡健康检查功能的 Nginx 完整配置文件"nginx.conf"内容如下：

```
worker_processes   4;
events {
    worker_connections   1024;
}



http {
    include        mime.types;
    default_type   application/octet-stream;
    sendfile         on;
    keepalive_timeout   65;
gzip   on;

    upstream ldweb{
            server 172.17.35.108:80;
            server 172.16.35.109:80;
            check interval=5000 rise=1 fall=3 timeout=4000;
        }

    server {
        listen        80;
        server_name   localhost;
        location / {
            proxy_pass http://ldweb;
        }
            location /status {
                check_status;
                access_log   off;
            }
    }
}
```

执行命令"nginx -t"做语法检查，没有问题后，继续后边的操作。

2.2.2 负载均衡集群健康检查功能验证

确保后端真实服务器"172.17.35.108"与"172.17.35.109"的 Web 测试可以直接访问，然后启动负载均衡器的 Nginx 服务，通过检查进程"nginx"及 TCP 80 端口来初步确定 Nginx 服务是否正常运行。

客户端浏览器，访问负载均衡器地址（172.16.35.111）并带路径，出现预期的页面，说明负载均衡有效，如图 2-18 所示。

图 2-18

浏览器打开新页面，访问地址为"172.16.35.111/status"，其目的是了解整个集群的运行状态，一切正常（包括负载均衡器、后端真实服务器 Web 服务）的集群，所表现出来的输出如图 2-19 所示。

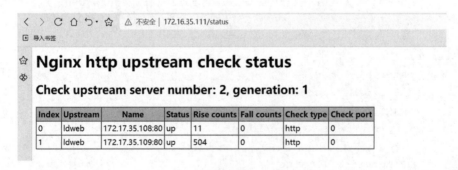

图 2-19

手动停掉后端真实服务器"172.17.35.108"，模拟发生故障。频繁刷新浏览器页面，直观感受访问是否被中断；再切换到 Nginx 状态页（http://172.16.35.111/status），会显示"172.17.35.108"的 Web 故障，如图 2-20 所示。

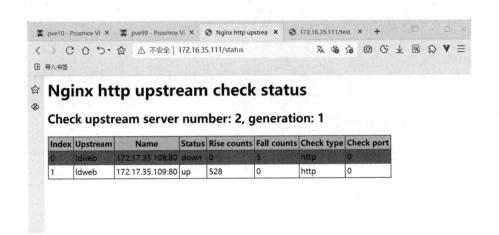

图 2-20

在任意可通过负载均衡 Nginx 访问到 Web 测试页面的 Linux 系统撰写脚本"get_web.sh",连续访问测试页面 1000 次,测试是否会因为后端真实服务器"172.17.35.108"故障而出现访问讹误,脚本的内容如下:

```
#!/bin/bash
for((i=1;i<=1000;i++))
  do
        curl -I http://172.16.35.111/test.html
  done
exit 0
```

连续访问测试页面 1000 次,并未因为后端真实服务器"172.17.35.109"故障而产生不能获取页面的情况。接着,将后端真实服务器"172.17.35.109"的 Web 服务恢复,Nginx 调度器将自动将其增加到转发队列。

通过上述故障模拟,表明负载均衡 Nginx 具备负载分发及健康检查的功能,与 LVS 相比,多了一项高可用所必备的功能。

2.3 负载均衡失败切换

在前面的试验中,负载均衡集群后端存在两个或多个真实服务器,某些后端真实服务器发生故障,由于存在健康检查及负载分发功能,保障了服务的可用性。而负载均衡器本身只有一个,存在单点,假如负载均衡器故障,即便后端真实服务器全部正常,对用户来说,访问全部失效,存在木桶效应里边的那块短板,也谈不上真正意义上的高可用性。解决这个问题的方案就是部署负载均衡双机,术语称失败切换。

2.3.1 负载均衡失败切换功能组成

负载均衡失败切换是建立在负载分发（Load Balance）与健康检查基础之上的，如果缺少这两个功能，失败切换就没有什么实在意义。脱胎于 Heartbeat 的 Keepalived 是当前最流行的负载均衡失败切换开源工具，通常与 LVS、Nginx、HAProxy 等搭配，实现负载均衡集群整体的高可用。

2.3.2 Keepalived 安装

到本书撰写之时，Keepalived 的最新稳定版本为 Keepalived-2.2.7，官方网站以源码压缩包的方式提供下载。一些比较新的操作系统发行版，安装源提供 Keepalived 二进制安装包，例如 Rocky 9 可安装的版本"Keepalived-2.2.4-2.el9"，如图 2-21 所示。

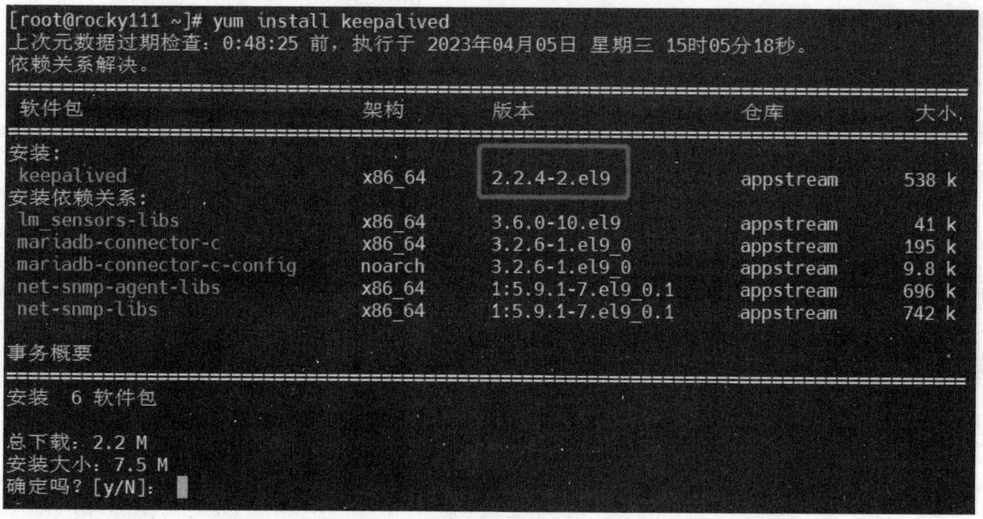

图 2-21

这里我们采取源码的方式进行安装，因为以源码形式进行安装，具有很好的通用性，它在各种 Linux 发行版安装方式基本一致，甚至在 UNIX 上也一样。登录欲做负载均衡调度器所在的系统，用命令行"wget https://www.keepalived.org/software/keepalived-2.2.7.tar.gz"取得最新的发布版。软件下载完毕，用工具"tar"对其解包，进入解包后生成的目录，有一个名为"INSTALL"的文本文件，阅读此文件，即可快速掌握 Keepalived 的安装方法。笔者用源码安装 Keepalived-2.2.7.tar.gz 的全部过程如下。

（1）用 tar 解包 keepalived-2.2.7.tar.gz。

```
[root@rocky111 ~]# tar zxvf keepalived-2.2.7.tar.gz
```

（2）进入解包后的目录，并阅读文件"INSTALL"。

```
[root@rocky111 ~]# cd keepalived-2.2.7/
[root@rocky111 keepalived-2.2.7]# more INSTALL
…………..输出省略…………
1. tar -xf TARFILE
2. cd into the directory
3. './configure [BUILD_OPTIONS]'
4. 'make'
5. 'make install'. This will install keepalived on your system
………………输出省略…………………….
[root@rocky111 keepalived-2.2.7]# ./configure --prefix=/usr/local/keepalived
[root@rocky111 keepalived-2.2.7]# make && make install
```

在"configure"过程中，如果是最小化安装的 Linux 操作系统，可能因为需要某些依赖而不能进行下一步的"make"编译操作，如图 2-22 所示，缺少软件包"OpenSSL"。

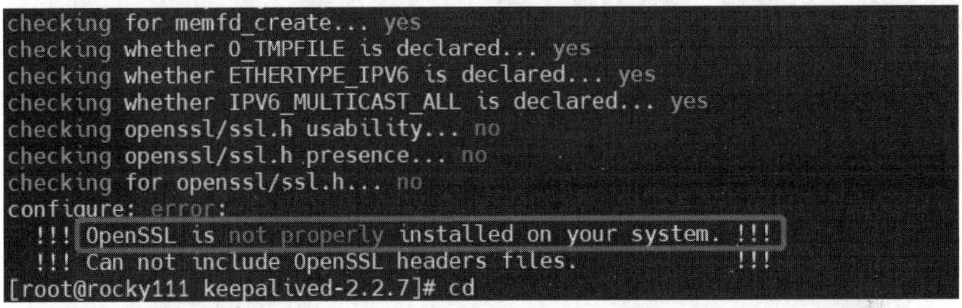

图 2-22

用 Rocky 系统自带的包安装工具"dnf/yum"，能很方便地将依赖"openssl"安装到系统，如图 2-23 所示。

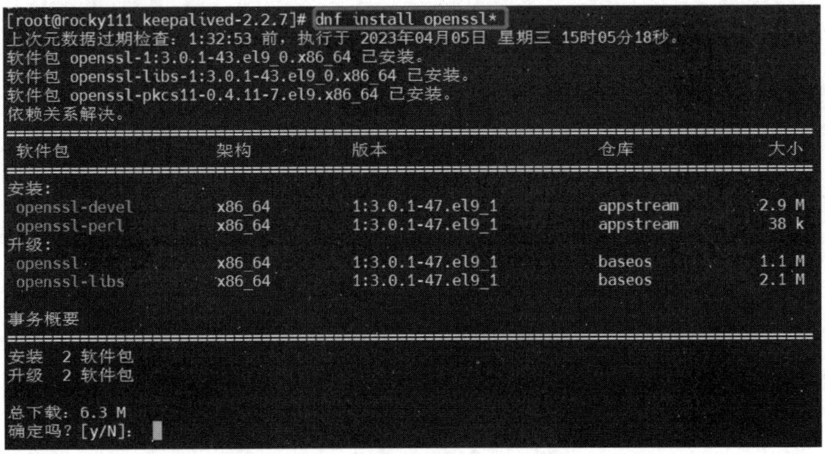

图 2-23

依赖“openssl”安装完以后，再继续返回目录“keepalived-2.2.7”执行“configure…”，如果还有报错或者警告，则继续按照前边的步骤安装依赖。配置过程没有报错（error）或者警告（WARNING），说明所必需的依赖已经存在，继续执行编译和安装（make && make install）。假使需要 IPVS 支持 IPv6，则需要依赖包“libnl/libnl-3”。在执行配置过程中（./configure），如果不存在异常，那么在输出的最后部分，将看到最关键的几个模块支持，比如“IPVS”与“VRRP”，如图 2-24 所示。

```
Keepalived configuration
------------------------
Keepalived version       : 2.2.7
Compiler                 : gcc gcc (GCC) 11.3.1 20221121 (Red Hat 11.3.1-4)
Preprocessor flags       : -D_GNU_SOURCE
Compiler flags           : -g -g -O2 -Wall -Wextra -Wunused -Wstrict-prototypes
-Wabsolute-value -Waddress-of-packed-member -Walloca -Walloc-zero -Warith-conver
sion -Warray-bounds=2 -Wattribute-alias=2 -Wbad-function-cast -Wc11-c2x-compat -
Wcast-align -Wcast-qual -Wdate-time -Wdisabled-optimization -Wdouble-promotion -
Wduplicated-branches -Wduplicated-cond -Wfloat-conversion -Wfloat-equal -Wformat
-overflow -Wformat-signedness -Wformat-truncation -Wframe-larger-than=5120 -Wimp
licit-fallthrough=3 -Winit-self -Winline -Winvalid-pch -Wjump-misses-init -Wlogi
cal-op -Wmissing-declarations -Wmissing-field-initializers -Wmissing-include-dir
s -Wmissing-prototypes -Wnested-externs -Wnormalized -Wnull-dereference -Wold-st
yle-definition -Woverlength-strings -Wpointer-arith -Wredundant-decls -Wshadow -
Wshift-overflow=2 -Wstack-protector -Wstrict-overflow=4 -Wstringop-overflow=2 -W
stringop-truncation -Wsuggest-attribute=cold -Wsuggest-attribute=format -Wsugges
t-attribute=malloc -Wsuggest-attribute=noreturn -Wsuggest-attribute=pure -Wsync-
nand -Wtrampolines -Wundef -Wuninitialized -Wunknown-pragmas -Wunsafe-loop-optim
izations -Wunsuffixed-float-constants -Wunused-const-variable=2 -Wvariadic-macro
s -Wwrite-strings -fPIE -Wformat -Werror=format-security -Wp,-D_FORTIFY_SOURCE=2
 -fexceptions -fstack-protector-strong --param=ssp-buffer-size=4 -grecord-gcc-sw
itches -O2
Linker flags             : -pie -Wl,-z,relro -Wl,-z,now
Extra Lib                : -lm -lcrypto -lssl
Use IPVS Framework       : Yes
IPVS use libnl           : No
IPVS syncd attributes    : Yes
IPVS 64 bit stats        : Yes
HTTP_GET regex support   : No
fwmark socket support    : Yes
Use VRRP Framework       : Yes
Use VRRP VMAC            : Yes
Use VRRP authentication  : Yes
With track_process       : Yes
With linkbeat            : Yes
```

图 2-24

VRRP 为 Virtual Router Redundancy Protocol 的首字母简写，中文可翻译为虚拟路由冗余协议，简单地说，就是实现负载均衡失败切换功能的核心部分，它能让绑定在负载均衡器上的 VIP（Virtual IP），在宿主系统发生故障时，自动漂移到另一台正常运行的负载均衡器上，对外继续提供服务。

Keepalived 被正确安装到系统，通过查看目录“/usr/local/keepalived”及其子目录初步判定安装是正确的。在配置过程（configure）中，选项“——prefix=/usr/local/keepalived”的目的是将 Keepalived 所需的文件，包括子文件，全部固定在指定目录，避免文件分散得到处都是（不带选项指定，一些文件可能在“/usr/bin”目录，一些文件可能在目录“/etc”，等等），方便日常维护。

两台负载均衡器均要正确安装好 Keepalived。

2.3.3 Keepalived 搭配 LVS 实现失败切换

负载均衡器所选的转发模式不同，后端真实服务器所做的处理也不相同，比如直接路由模式，则需要在后端真实服务器上做网络及内核参数的处理，处理的方法与单纯的 LVS 负载均衡完全一样。同样，如果是 NAT 网络地址转换模式，也按照前文 LVS NAT 模式处理即可。本节的负载均衡采用直接路由模式 DR，那么按照 2.1 节的方式准备好 Shell 脚本，在后端全部的真实服务器运行这些脚本，确保负载均衡集群所用的 VIP（172.16.35.188）被绑定到网络接口"lo:0"，且 arp 抑制被加载，如图 2-25 所示。

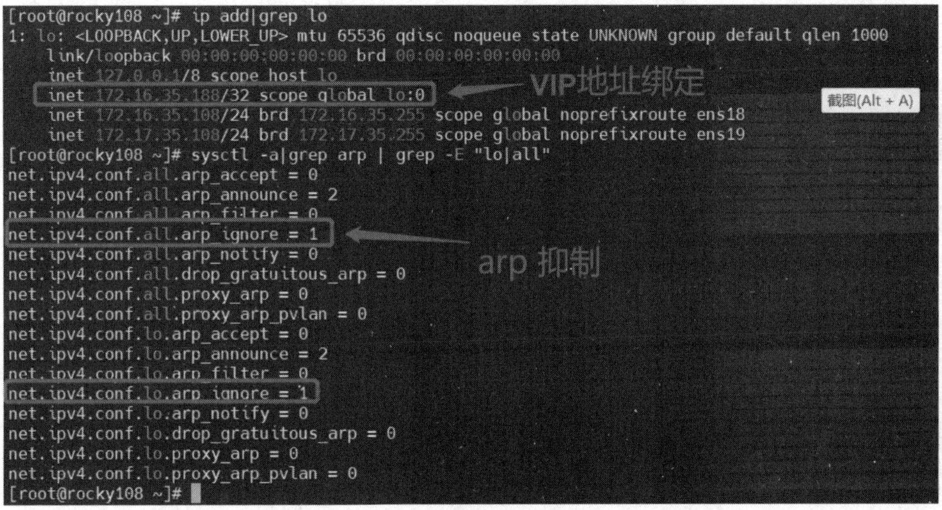

图 2-25

虽然不用"ipvsadm"来设定负载均衡，但是随手将其安装在两个负载均衡器上，将有利于查看整个集群信息流的状态。即源来自哪里？转发到哪个后端真实服务器？状态是什么？等等。

Keepalived 用一个配置文件"keepalived.conf"将所有的功能都实现了，因此无须再设置"ip_forward"、手动绑定 VIP 到虚拟网络接口（如 ens18:0）。安装好的 Keepalived 子目录里边有配置文件的样例，可照样例进行修改，生成适合自己需求的配置。笔者定制安装的 Keepalived 配置文件通常位于"/usr/local/keepalived/etc"目录中。如果希望启动 Keepalived 服务不带选项和参数（-f keepalived.conf），可将配置文件"keepalived.conf"安放在目录"/etc/keepalived"中。

首先，在主负载均衡器撰写配置文件"/usr/local/keepalived/etc/keepalived.conf"，简化后的完整文本如下：

```
global_defs {
router_id LVS_CNC_1
}
vrrp_sync_group VGM {
group {
VI_CACHE
}
}
################################################################
# vvrp_instance define #
################################################################
vrrp_instance VI_CACHE {
state MASTER
interface ens18
virtual_router_id 51
priority 180
advert_int 5
authentication {
auth_type PASS
auth_pass KJj23576hYgu23I
}
track_interface {
        ens18
    }
virtual_ipaddress {
172.16.35.188
}
}


##############################################################
# virtual machine setting #
##############################################################
# setting port 80 forward
virtual_server 172.16.35.188 80 {
delay_loop 6
lb_algo wlc
lb_kind DR
protocol TCP

real_server 172.16.35.108 80 {
weight 100
TCP_CHECK {
connect_timeout 3
```

```
delay_before_retry 3
connect_port 80
    }
}
real_server 172.16.35.109 80 {
weight 100
TCP_CHECK {
connect_timeout 3
delay_before_retry 3
connect_port 80
    }
  }
}
```

在配置文件中，绑定 VIP 的网络接口一定要书写正确。通过执行命令行指令"ip add"来获取接口名称，如果有多个网卡，则填写对外提供服务的那个网络接口的名称，如图 2-26 所示。

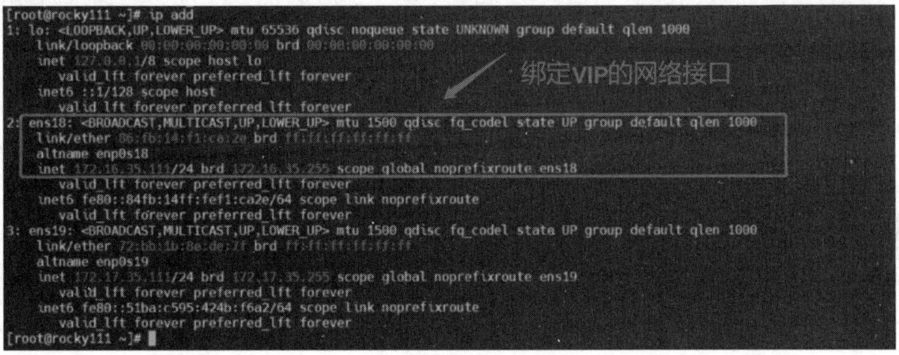

图 2-26

配置文件 keepalived.conf 中的其他条目，比如"lb_algo（负载均衡调度算法）""lb_kind（负载均衡模式）"都是比较直观、容易理解的，这里不再逐一介绍。

在启动 Keepalived 服务之前，确保所有后端真实服务器的 Web 测试页皆可以单独用浏览器进行正常访问。接下来，切换到负载均衡宿主系统命令行，执行如下指令进行语法检查及启动服务。

```
# 语法检查
/usr/local/keepalived/sbin/keepalived -f /usr/local/keepalived/etc/keepalived.conf -C
# 启动服务
/usr/local/keepalived/sbin/keepalived -f /usr/local/keepalived/etc/keepalived.conf
```

```
# 如果配置文件全路径为"/etc/keepalived/keepalived.conf"，启动项可以省略
/usr/local/keepalived/sbin/keepalived
```

默认情况下，无论用操作系统发行版软件安装工具（如 CentOS Stream 9 的"dnf/yum"）安装的 Keepalived，还是源码手动安装的 Keepalived，其运行日志默认被打入系统日志文件"/var/log/messages"（在实际生产环境中，建议将 Keepalived 的日志文件独立出来，便于日常管理及排错等），通过检索系统日志文件，可以了解 Keepalived 的运行状况，如图 2-27 所示。

图 2-27

用浏览器或者 Linux 命令行工具 Curl 访问 http://172.16.35.188/test.html，直观查验通过负载均衡器访问 Web 服务的正确性。如果访问结果正好是我们所期待的，那么就可以在第二台已经安装好 Keepalived 的系统上对其进行配置，使其成为辅助/备用负载均衡器。根据配置正确且功能正常的（负载均衡与健康检查两项）主负载均衡器的设置，将其配置文件"keepalived.conf"原样复制，稍作改变即可，文件全部内容如下（与 Master 差异部分加粗显示）：

```
global_defs {
router_id LVS_CNC_1
}
vrrp_sync_group VGM {
group {
VI_CACHE
}
}
##############################################################
# vvrp_instance define #
##############################################################
vrrp_instance VI_CACHE {
state BACKUP
interface ens18
```

```
virtual_router_id 51
priority 150
advert_int 5
authentication {
auth_type PASS
auth_pass KJj23576hYgu23I
}
track_interface {
        ens18
     }
virtual_ipaddress {
172.16.35.188
}
}


##############################################################
# virtual machine setting #
##############################################################
# setting port 80 forward
virtual_server 172.16.35.188 80 {
delay_loop 6
lb_algo wlc
lb_kind DR
protocol TCP

real_server 172.16.35.108 80 {
weight 100
TCP_CHECK {
connect_timeout 3
delay_before_retry 3
connect_port 80
}
}

real_server 172.16.35.109 80 {
weight 100
TCP_CHECK {
connect_timeout 3
delay_before_retry 3
connect_port 80
}
}
}
```

辅助负载均衡器配置完毕以后，将主负载均衡器直接停机，用前边的方法验证辅助负载均衡器功能的正确性，即通过 VIP 访问到测试 Web 页面。

2.3.4 负载均衡失败切换功能验证

将主辅两个负载均衡器的 Keepalived 服务器启动，通过查看各自的系统日志文件"/var/log/messages"了解和掌握各自的运行状态。

先来看启动后的主负载均衡器与 Keepalived 相关的日志，有明显的运行状态标志"MASTER"，如图 2-28 所示。

图 2-28

查看辅助负载均衡器系统日志，Keepalived 运行状态的标志则是"BACKUP"，如图 2-29 所示。

```
[root@rocky111 keepalived]# sbin/keepalived -f etc/keepalived.conf
[root@rocky111 keepalived]# tail -f /var/log/messages
Apr 14 11:13:51 rocky111 Keepalived_vrrp[1246]: (VI_CACHE) Entering BACKUP STATE (init)
Apr 14 11:13:51 rocky111 kernel: IPVS: Registered protocols (TCP, UDP, SCTP, AH, ESP)
Apr 14 11:13:51 rocky111 kernel: IPVS: Connection hash table configured (size=4096, memory=64Kbytes)
Apr 14 11:13:51 rocky111 kernel: IPVS: ipvs loaded.
Apr 14 11:13:51 rocky111 Keepalived_healthcheckers[1245]: Note: IPVS with IPv6 will not be supported
Apr 14 11:13:51 rocky111 Keepalived_healthcheckers[1245]: Gained quorum 1+0=1 <= 200 for VS [172.16.35.188]:tcp:80
Apr 14 11:13:51 rocky111 Keepalived_healthcheckers[1245]: Activating healthchecker for service [172.16.35.108]:tcp:80 for VS [172.16.35.188]:tcp:80
Apr 14 11:13:51 rocky111 Keepalived_healthcheckers[1245]: Activating healthchecker for service [172.16.35.109]:tcp:80 for VS [172.16.35.188]:tcp:80
Apr 14 11:13:51 rocky111 kernel: IPVS: [wlc] scheduler registered.
Apr 14 11:13:51 rocky111 Keepalived[1244]: Startup complete
Apr 14 11:13:54 rocky111 Keepalived_healthcheckers[1245]: TCP connection to [172.16.35.109]:tcp:80 success.
Apr 14 11:13:55 rocky111 Keepalived_healthcheckers[1245]: TCP connection to [172.16.35.108]:tcp:80 success.
Apr 14 11:14:05 rocky111 systemd[1]: systemd-hostnamed.service: Deactivated successfully.
```

图 2-29

1. 验证负载均衡失败切换功能

关闭正在运行的主负载均衡器（MASTER:172.16.35.112）的 Keepalived 服务，完整的命令如下：

```
[root@lvs112 ~]# killall -9 keepalived
[root@lvs112 ~]# ipvsadm -C
```

注意，如果不重启主负载均衡器操作系统，则建议执行 "ipvsadm -C" 这个步骤，否则主负载均衡器再次启动的时候会报错，如图 2-30 所示。

```
[root@lvs112 ~]# tail -f /var/log/messages
Apr 14 13:57:08 lvs112 Keepalived_healthcheckers[1423]: IPVS cmd IP_VS_SO_SET_ADDDEST(1159) error: Destination already exists(17) (172.16.35.188:tcp:80 -> 172.16.35.109:80)
Apr 14 13:57:08 lvs112 Keepalived_healthcheckers[1423]: Gained quorum 1+0=1 <= 200 for VS [172.16.35.188]:tcp:80
Apr 14 13:57:08 lvs112 Keepalived_healthcheckers[1423]: Activating healthchecker for service [172.16.35.108]:tcp:80 for VS [172.16.35.188]:tcp:80
Apr 14 13:57:08 lvs112 Keepalived_healthcheckers[1423]: Activating healthchecker for service [172.16.35.109]:tcp:80 for VS [172.16.35.188]:tcp:80
Apr 14 13:57:08 lvs112 Keepalived_vrrp[1424]: Sync group VGM has only 1 virtual router(s) - this probably isn't what you want
Apr 14 13:57:08 lvs112 Keepalived[1422]: Startup complete
Apr 14 13:57:08 lvs112 Keepalived_vrrp[1424]: (VI_CACHE) Entering BACKUP STATE (init)
Apr 14 13:57:09 lvs112 Keepalived_vrrp[1424]: (VI_CACHE) received lower priority (80) advert from 172.16.35.111 - discarding
```

图 2-30

（1）登录辅助负载均衡器（BACKUP:172.16.35.111）宿主系统，查看系统日志文件"/var/log/messages"，可发现负载均衡器角色从"BACKUP"自动切换到"MASTER"，如图 2-31 所示。

```
Apr 14 13:57:12 rocky111 Keepalived_vrrp[1246]: (VI_CACHE) Master received advert f
rom 172.16.35.112 with higher priority 100, ours 80
Apr 14 13:57:12 rocky111 Keepalived_vrrp[1246]: (VI_CACHE) Entering BACKUP STATE
Apr 14 13:57:12 rocky111 Keepalived_vrrp[1246]: VRRP_Group(VGM) Syncing instances t
o BACKUP state
Apr 14 14:13:42 rocky111 Keepalived_vrrp[1246]: (VI_CACHE) Entering MASTER STATE
Apr 14 14:13:42 rocky111 Keepalived_vrrp[1246]: VRRP_Group(VGM) Syncing instances t
o MASTER state
```

图 2-31

（2）在命令行下查看负载均衡设定的 VIP 地址是否自动漂移到了辅助负载均衡器网络接口，主负载均衡器绑定的 VIP 是否消失。查看 VIP（172.16.35.188）被绑定的指令根据操作系统的不同是否存在差异，如图 2-32 所示为 Linux 发行版 Rocky 9 查看 IP 地址的指令及输出。

```
[root@rocky111 keepalived]# ip add     ← 查看IP地址的指令
1: lo: <LOOPBACK,UP,LOWER_UP> mtu 65536 qdisc noqueue state UNKNOWN group default qlen 1000
    link/loopback 00:00:00:00:00:00 brd 00:00:00:00:00:00
    inet 127.0.0.1/8 scope host lo
       valid_lft forever preferred_lft forever
    inet6 ::1/128 scope host
       valid_lft forever preferred_lft forever
2: ens18: <BROADCAST,MULTICAST,UP,LOWER_UP> mtu 1500 qdisc fq_codel state UP group default qlen 1000
    link/ether 86:fb:14:f1:ca:2e brd ff:ff:ff:ff:ff:ff
    altname enp0s18
    inet 172.16.35.111/24 brd 172.16.35.255 scope global noprefixroute ens18
       valid_lft forever preferred_lft forever
    inet 172.16.35.188/32 scope global ens18     ← 负载均衡集群VIP
       valid_lft forever preferred_lft forever
    inet6 fe80::84fb:14ff:fef1:ca2e/64 scope link noprefixroute
       valid_lft forever preferred_lft forever
3: ens19: <BROADCAST,MULTICAST,UP,LOWER_UP> mtu 1500 qdisc fq_codel state UP group default qlen 1000
    link/ether 72:bb:1b:8e:de:7f brd ff:ff:ff:ff:ff:ff
    altname enp0s19
    inet 172.17.35.111/24 brd 172.17.35.255 scope global noprefixroute ens19
       valid_lft forever preferred_lft forever
    inet6 fe80::51ba:c595:424b:f6a2/64 scope link noprefixroute
       valid_lft forever preferred_lft forever
```

图 2-32

（3）用浏览器或者操作系统命令行工具反复访问 http://172.16.35.188/test.html，观察访问效果。

2. 主负载均衡器故障恢复

登录主负载均衡器所在的宿主系统，命令行启动 Keepalived 服务。查看本系统及辅助负载均衡器日志文件"/var/log/messages"，了解所发生的变化：辅助负载均衡的角色由"MASTER"切换成"BACKUP"。

查验负载均衡集群 VIP 地址（172.16.35.188），是否从辅助负载均衡器（BACKUP:

172.16.35.111）自动漂移到主负载均衡器（MASTER:172.16.35.112）。

仍然在远端用命令行或者浏览器访问 http://172.16.35.188/test.html，验证负载均衡集群的可用性。

3. Keepalived 健康检查功能验证

关闭负载均衡集群后端任意真实服务器的 Web 服务，在主、辅负载均衡器的系统日志上，将看到发生故障（关闭 Web 服务模拟出来的）被剔除转发队列，如图 2-33 所示。

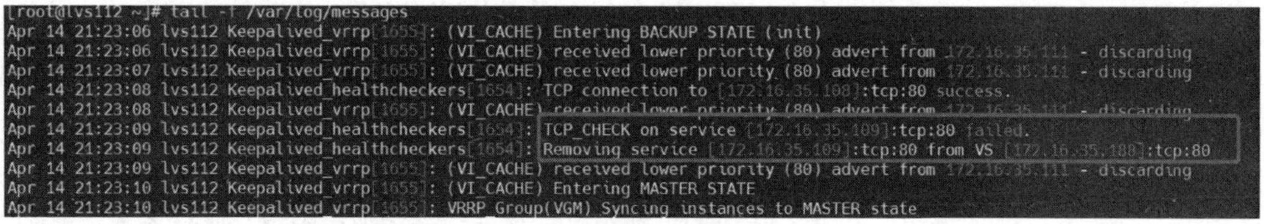

图 2-33

当后端真实服务器（172.16.35.109）的 Web 服务恢复以后，从主、辅负载均衡服务器的系统日志文件"/var/log/messages"中立刻观察到被剔除的后端真实服务器被自动添加到负载均衡转发队列。

通过试验，可以很明确地了解 Keepalived 不但具备失败切换，而且也包含健康检查的功能。功能强大，简单易用，而且还是开源的！

2.4 杂项

本章对高可用负载均衡集群的三个基本功能——负载分发（Load Balance）、健康检查和失败切换——逐一进行详尽的介绍和验证，三个基本功能叠加在一起，就组成一组高可用服务或者应用集群。掌握了这些基础的入门知识，再根据实际需求，读者就可以快速将其应用于真实环境。

除 Nginx 做负载均衡器以外，LVS、Keepalived 这两款负载均衡工具在运行过程中，是没有后端真实服务器所需要的监听端口。而 Nginx 作为负载均衡器对外提供服务时，在负载均衡器上，是存在预先设定的监听端口。

负载均衡配置文件"keepalived.cnf"部分参数介绍请参考表 2-2。

表 2-2

参数名称	说明
group	实例组，至少包含一个 vrrp 实例
state	vrrp 实例状态，取值 MASTER 或 BACKUP。建议在实际应用中，设置一个 MASTER，另外一个设为 BACKUP
virtual_router_id	虚拟路由标识。每个 vrrp 实例使用唯一的标识
priority	这是一个数字，数值越大，优先级越高。在同一个 vrrp_instance 里，MASTER 的优先级高于 BACKUP
authentication	同步验证。包含验证类型和验证密码。类型主要有 PASS、AH 两种，通常使用的类型为 PASS。验证密码为明文，同一 vrrp 实例 MASTER 与 BACKUP 使用相同的密码才能正常通信
weight	后端真实服务器权重。性能强的后端真实服务器权重值可设置较大点的值

  本章所有的测试环境皆关闭了系统防火墙，同时是"selinux"失效的，这样做的目的是使测试更加顺利，减少故障因素。

  手动关闭 Keepalived 服务，除了关掉进程外，还需要执行指令"ipvsadm -C"清理掉所有转发队列。

  本章并未介绍 Keepalived 自动随系统启动的内容，这将在后边的章节呈现给大家。

第 3 章　高可用负载均衡集群规划

　　合理的高可用负载均衡集群规划对于项目的实施、成本的控制、后期的维护，具有巨大的、正向的支撑作用。本章将介绍高可用负载均衡集群的规划目标、内容和关键点。在展开之前，先举几个反例，来反向说明事前规划的重要性。

　　案例一：某广告媒体公司需要部署一套媒体播放系统，由一台应用服务器和一台数据库服务器组成，让人没想到的是，为了这两台服务器，花了几十万元采购了一台网络端口超过 96 个的三层核心交换机。询问相关人员，这样配备是基于什么考虑的，答"背板带宽大，速度快"。笔者一脸愕然，是预算太多，还是被供货商蒙骗了，不得而知。

　　案例二：某顶级地产商的官方网站，用 40 多台物理服务器承载 Web 服务，每两台服务器运行相同的站点，前端部署一对物理负载均衡器，数据库为单机 Oracle 10，整体架构如图 3-1 所示。看似要消灭单点故障，也舍得花钱，但不知道是什么机构规划这么一个"半拉子"高可用系统。

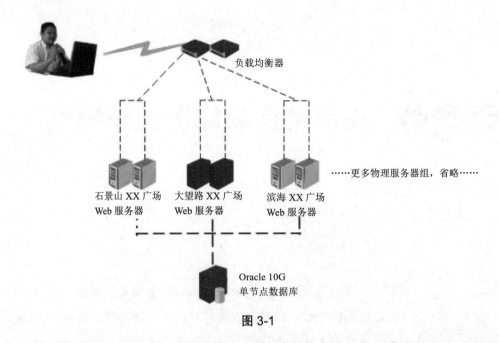

图 3-1

案例三：某顶级出版社直属培训机构打算上线一个在线教育平台，委托某知名外包公司进行规划、开发、部署。笔者作为甲方的系统顾问，曾参与旁听外包方的整体方案讨论。系统单个电子教室同时支持 10 000 人在线，根据课程数量，开启同等数量的电子教室，如果有 10 个科目，10 个电子教室，同时在线最大人数为 10 万人。采用负载均衡集群架构，客户端与服务器端通过 UDP 协议通信，无缓存，要求视频高清。笔者作为列席者，没有发言权，心中琢磨，数万人同时在线，不采取 P2P 之类的技术，仅 BGP 带宽资费就可能让委托方无力承担。虽然委托方采购了一堆服务器、网络设备，并租赁机柜将服务器进行托管，但项目最终无法实施，彻底烂尾。

3.1 系统规划的目标

系统规划的目标包括以下几个方面。

可用性：对外提供服务的系统应该保持较高的可使用性、可访问性，对于重要的、核心的业务系统，设计更高可用性的系统。不能像某些机构的系统，人员下班系统也跟着下班，或者访问量徒增，系统就罢工。

技术可行性：可用现有的主流的系统或工具进行技术实现。像本章开篇"案例三"所规划的方案，以 UDP 协议做负载均衡、终端用户直接访问而不用 P2P 或 CDN（Content Distribute Network）来做中间层，在技术上根本无法实现。

可扩展性：系统的访问量可能因某些原因（比如加强推广）急剧暴增，可在不停服务、不改变现有架构的情况下，在线扩展系统容量。反之，在访问量长期大幅度降低时，也要求能在不停服务的前提下缩减容量。

高性价比：用较低的成本、较低的配置，通过技术手段"压榨"设备，让其发挥出最高的性能。例如，用廉价的服务器做负载均衡器、缓存服务（CDN），对于需要高性能的应用（比如数据库）则采用高配服务器。

3.2 系统规划包括哪些内容

根据笔者的经验，系统规划的主要内容包含但不限于：系统架构规划、选型规划、资源规划，接下来逐一进行介绍。

3.2.1 系统架构规划

系统规划指整个负载均衡集群的组成及各个组件之间的关联关系。为提高资源利用率，同一组负载均衡器可设计成多应用集群（以不同的 VIP 或者正则表达式来区分）；或者在访问量大及应用比较多的场景，对应用进行拆分，部署多套负载均衡集群。

复用负载均衡器，指同一组负载均衡器转发多个应用，在可以承载所有负荷的情况下，可将负载分配在单一负载均衡器，也可以将负载分摊，如图 3-2 所示。

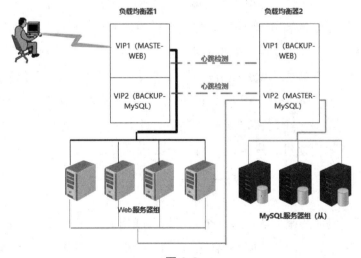

图 3-2

此类型的负载均衡复用，两个负载均衡器皆处于使用状态，既保证了可靠性，又提高了资源利用率。

3.2.2 选型规划

选型包括设备选型、技术选型及托管选型。

设备选型：根据设备角色的不同，对可靠性的要求等进行选择。负载均衡器对性能要求不高，在设备资源配备上就可以低配，甚至可以采用上一代产品；而对于性能要求高的应用，则选择高配。同等条件下，服务器的核心部件中央处理器（CPU），AMD 的处理器，性价比远超 INTEL。

技术选型：不论是操作系统，还是应用程序，优先考虑开源软件。负载均衡器工具有多种可选，根据业务场景而定。比如 CDN 服务，负载均衡可优先选用 Keepalived 配合 LVS；复杂的应用场景，可选择 Keepalived 与 HAProxy 相搭配。

托管选型：所有的服务必须依赖网络，找一个互联互通性好、稳定、服务到位且性价比高的 IDC（Internet Data Central）机房，至关重要。因为一旦将所有设备托管到选定的机房，相当于将自己的数字生命交给了它，服务的可用性及用户的体验，很大程度依赖所做的选择。

3.2.3 资源规划

资源主要包括：网络资源、设施资源、系统资源。对资源进行先期规划，对于后期的技术实施、日常维护，是相当有帮助的，不可等闲视之。

网络资源规划设计到 IP 地址的分配、主机的命名。在所获取的网络地址中，有些要用于物理设施，有些要用于虚拟应用（例如负载均衡 VIP、虚拟机网络地址等），规模较大的网络，还需要对其进行网段划分。笔者负责管理的某个项目中，物理设施和公共使用的应用（MySQL 数据库、Redis 缓存、NFS 共享服务等）使用一个网段；项目组的主机使用另一个网段，集群与存储另外分配一个网段。主机的命名，则依据网络地址和基本用途进行设定，比如某个数据库被命名为"MySQL-M-100-121"，维护系统的时候，很容易理解这个主机是 MySQL 数据库的主库，IP 地址为"X.X.100.121"。

设施资源主要涉及服务器。在一个高可用负载均衡集群内，有负载均衡器、应用服务器、数据库服务器、备份服务器等多种角色，根据角色的不同，在硬件资源的配置上也应该有所斟酌，以便物尽其用，以较低的总体成本发挥出最大的性能。单以服务器部件存储器为例，备份服务器主要配备大容量低转速的 SATA 机械盘，负载均衡器配备一般容量高转速（15000 转）的 SAS 机械盘或者 SATA 接口固态盘，应用服务器存储配置与负载均衡可以相同（CPU 与内存配置不一样），数据库服务器存储，在条件许可的情况下，存储器以 NVMe（Non Volatile Memory Express）为主。

系统资源以笔者的经验，囊括目录（文件）命名、系统账号权限、程序与数据分离、历史数据管理等。

（1）统一且规范的目录 / 文件命名，对于日常维护和管理的效率有极大的帮助。以 Web 服务为例，"www.formyz.com.conf""blog.formyz.com.conf"从字面上，就可以直观地判断这些配置文件与站点之间的关联（如图 3-3 所示）。在紧急情况下，得到授权的其他人员，可以很轻松地对系统进行维护和管理。

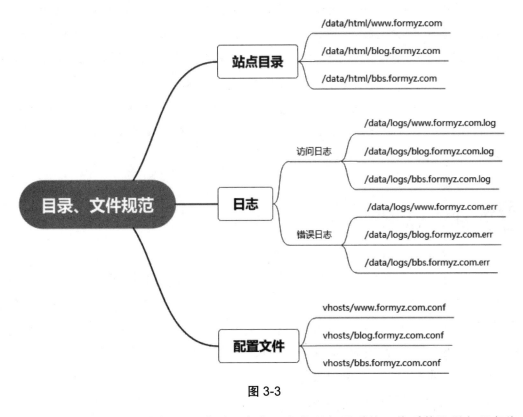

图 3-3

（2）应用 / 服务名称与账号关联。在多租户的服务器系统，将系统账号与服务绑定，既有安全方面的考虑（某些糟糕的场景，不管什么服务，都是用默认的系统账号"ROOT"启动和运行），又有管理上的便利。表 3-1 为笔者生产环境常用的服务与账号约定规范，供读者参考。

表 3-1

应用 / 服务名称	系统账号（全部小写字母）
Web 服务	www
MySQL 数据库	mysql
Redis 服务	redis
Python 服务	python

（3）程序与数据分离。程序或代码可以重新安装部署，用户数据却无法通过再次安装进行重建，例如数据库数据、最终用户上传的图片。对于对外开放并提供有价值服务的系统来说，数据才是最宝贵的资产。2020 年 2 月，某知名微信商城服务平台数据损毁，导致公司市值大幅缩水，险些破产。以 Oracle 数据库为例，程序安装的路径、数据文件的路径、归档日志文件的路径，一般都分布在不同的文件系统或者单独的存储器中，任何部分损毁，造成的影响都是局部的。如果程序、用户数据等"吃大锅饭"（见识过不少基于 Java 的项目，Tomcat 程序、技术人员开发的代码、日志文件"一锅粥"，存放在根文件系统下），一荣俱荣、一损俱损。

（4）历史数据管理。对于可以定期清理的数据，用 Shell 脚本放到计划任务中，自动进行删除，必须一直保留的数据，做好 3～5 年的存储容量规划，并考虑如何在容量接近设定的最大值时平稳扩充。

3.3 系统规划的关键点

要在性能、更高可用性与成本之间做平衡，是一件比较困难的事情，也没有刻意参考的模型和标准，况且设施部件更新换代一日千里。刚上的一个 Proxmox VE 超融合高可用集群项目，48 核心 96 线程的 CPU，单颗采购价 7000 多元；能完全代替机械硬盘的高性能存储器 NVMe，容量 3.8 TB 的单根采购价 4000 元左右。

笔者的经验是，对于需要高性能的设施（服务器），采用品牌标准配置，置换掉标配部件，更换兼容性好的自采高性能部件。不采购最新型号的部件，价格能便宜很多。

系统规划的总体原则为：架构优先，兼顾性能及成本。架构设计存在问题，即便付出巨大的成本，也未必能发挥其应有的作用，比如"案例二"中厂商那个规划设计，钱花了不少，却不能消除单点，Oracle 数据库发生故障，所有网站都将不能访问。

3.4 问题思考

（1）采用商业方案还是开放/开源方案？商业方案能为用户提供完整的解决方案和可靠的售后服务，对用户本身的技术要求不高，但是价格昂贵，对厂商的依赖度高。某公司在巅峰时期，它的某位运维人员告诉笔者，有上万套的 Windows 服务器操作系统和与之相关的软件正版授权。笔者不清楚微软产品的授权费用，但是数以万计的单位量，总费用肯定不低，如果选用开源的 Linux 操作系统发行版，能节省巨额的费用。开放/开源的解决方案对自身的技术要求比较高，遇到障碍完全依赖自身的能力和经验，但灵活性较好，不受制于单一的厂商。

（2）集群的规模应该多大？理论上来说，负载均衡集群后端真实服务器数量大于或等于两节点（物理主机或虚拟主机），就算是真正意义上的高可用集群。除了试验环境，其他的场景，建议至少三节点或更多的后端真实服务器部署于集群。假如仅有两节点的后端真实服务器（集群），那么一旦某一个节点发生故障，前端负载均衡器会把故障节点从转发队列剔除，而把所有的请求负荷全部转发到剩余的那个正常的节点，很可能片刻负荷就把这个正常运行的节点压垮。另一个问题是，同一个负载均衡高可用集群最大能到什么程度？笔者建议，如果后端真实服务器节点相互之间不存在共享数据（比如 NFS 挂接），则可以根据访问量的大小多部署一些节点，反之，则少部署一些节点。通过应用拆分的方式，分离成多个负载均衡高可用集群，避免单一的、节点量过多的集群。

（3）后端真实服务器采用较多普配设备，还是采用较少高配设备？单机配置高，性能强劲，单位成本高，所需的设备数量少，管理维护成本低。单机配置普通，性能一般，单位成本低，所需的设备数量多，维护成本高。经过长期实践，笔者认为采用高配置设备性价比更高一些，对此大家有什么看法？欢迎探讨。

（4）集群规模弹性伸缩？主流的云厂商有一项"弹性伸缩"收费服务，通过监控集群中的资源状态，与预设资源阈值进行对比，当达到或超过设定阈值时，触发云平台系统自动增加云主机到负载均衡集群或回收多余的云主机并将其从负载均衡集群中清理掉。原生的负载均衡工具，不论是 Keepalived 还是 HAProxy，在线扩充集群容量或缩减容量，都需要人工完成，不具备自身伸缩的能力，效率比较低下。希望能有开源的方案来解决这个问题。

第 4 章　Nginx 高可用负载均衡集群

Nginx 是一个高性能的 HTTP（Web 服务器）和反向代理服务器，同时也支持邮件服务代理、其他通用类型的 TCP/UDP 代理。Nginx 本身具备负载均衡所需的负载分发及健康检查功能，配合 Keepalived，就能构成一个真正意义上的高可用负载均衡集群。

Nginx 与 Keepalived 在功能上有重叠的部分。有读者可能疑惑，既然 Keepalived 本身就具备负载均衡高可用集群的全部功能，为什么还要与 Nginx 搭配呢？理由是 Keepalived 负载分发的粒度很粗，只能基于协议端口（网络层）；而 Nginx 可以基于路径甚至子路径模式进行分发（应用层），但 Nginx 本身不具备失败切换功能。两者优势互补，共同支撑复杂的高可用负载均衡集群。

本章主要讲述 Nginx 高可用负载均衡集群的设计与实施。

4.1　Keepalived 与 Nginx 的分工

Keepalived 承担失败切换功能，Nginx 承担负载分发（Load Balance）与健康检查（Check Health）功能。将两者的功能划分清楚，更有利于清晰了解负载均衡高可用集群的本质。图 4-1 展示了这种功能的分工。

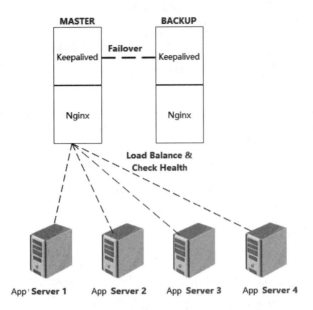

图 4-1

Nginx 整合到 Keepalived 是通过将 Nginx 服务运行状态撰写成 Shell 脚本，嵌入到 Keepalived 的配置文件"keepalived.conf"中，从而实现二者之间的关联。

负载均衡高可用集群整体设计

在选定 Nginx 结合 Keepalived 作为高可用负载均衡前端调度器之后，接下来就是选择服务器的配置及其数量分配、位置分步。

4.2.1 物理设施配置

物理设置主要包括负载均衡器、后端真实服务器以及网络设备。

1. 负载均衡器

不管是物理服务器部署负载均衡调度，还是以虚拟化的方式进行部署，都建议主负载均衡调度器与辅助负载均衡调度器分别位于不同的物理设施上。因为负载均衡器对性能及存储的要求不高，因此一般采用标准的 1U 机架式服务器即可胜任。考虑到所有的流量都要经过负载均衡调度器，在其上保存所有的访问日志将占据一定的磁盘空间，因此需要稍大一点容量的硬盘。表 4-1 为笔者常用的负载均衡调度器配置，读者可直接借鉴用于实际场景。

表 4-1

名称	说明
CPU	单颗多核心
内存	32GB
存储	两块 15 000 转，容量为 2.4TB 的 SAS 机械盘
网络	千兆（自带）或万兆光纤网卡

如果预算有限，也可以用旧的服务器来充当。

2. 后端真实服务器

在整个高可用负载均衡集群体系中，后端真实服务器是服务最终的提供者，所有的负荷都集中在它的上边，因此在硬件上尽量高配。为获得更高的可用性和最高的性价比，最近五年来实施的负载均衡高可用集群，后端真实服务器皆是运行在 Proxmox VE 超融合集群之上。单个物理节点的推荐配置，见表 4-2。

表 4-2

名称	说明
CPU	2 颗，单颗 24 核心及以上
内存	DDR4，总容量 256GB 及以上
存储	2 块支持 RAID 1 的固态硬盘（安装操作系统），3.8TB NVMe 存储若干
网络	万兆光纤多口（端口 Bond）

3. 网络设备

接入层交换机尽可能万兆，支持堆叠，前端如果部署了防火墙，也需要支持主备。要求在网络层面，既保证性能，又消灭单点。

4.2.2　设施分布及数量分配

原则上，在操作系统层面应该做到主备分离、前后端分离、相同应用分离。

主备分离在 4.2.1 节已经介绍过。如果网络内有多个高可用负载均衡集群，可以根据实际情况，复用同一对负载均衡调度器，也可以单独出来。

前后端分离是指负载均衡调度器与后端真实服务器不要混用在同一设施之上，理论上，一个物理设施可以同时做负载均衡调度器和后端真实服务器。在实施某个高可用负载均衡集群项目之前，决策方为了节省成本（减少设备数量、减少机位托管费），坚持要将负载均衡器以虚拟机的形式，与后端真实服务器部署在同一 Proxmox VE 超融合集群上。看起来似乎很合理，实则不完美，为什么？大家可以思考一下。

由于虚拟化技术的成熟和普遍应用，一个物理服务器可以同时运行多个操作系统，也意味着同一物理设备可同时运行多个相同的服务。假设同一高可用负载均衡集群的后端服务器全部分布于同一个物理设施，一旦这个物理设施发生故障，就算承载后端真实服务器的虚拟机系统发生自动漂移，也会造成短暂的服务不可用。即便是超融合集群网络，同一负载均衡集群的后端真实服务器也应当将其手动分布到不同的物理节点，如图 4-2 所示。

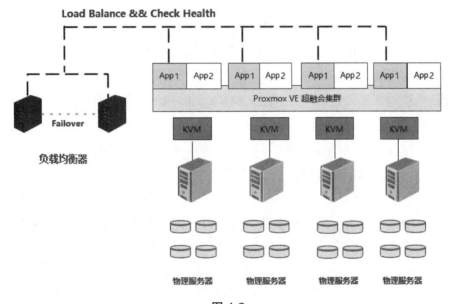

图 4-2

在同一高可用负载均衡集群中，前端负载均衡器的数量是固定的一对。后端真实服务器理论上可以是两台，但这样做存在很高的风险，一旦某台后端真实服务器发生故障，运行其上的工作负荷将全部由另一台运行正常的服务器所承担，很可能出现因负荷太高，导致整个系统不可用。因此，除非试验环境，同一高可用负载均衡集群至少分配三台甚至更多台后端真实服务器。

4.3 实施部署 Nginx 高可用负载均衡集群

实施部署 Nginx 高可用负载均衡集群大致可分为：准备工作、负载均衡配置、负载均衡器配置同步、Nginx 负载均衡整体功能验证等步骤，接下来按顺序逐一介绍。

4.3.1 准备工作

Nginx 高可以负载均衡集群准备工作分两个层面：前端负载均衡器的准备工作与后端真实服务器的准备工作。根据长期实践出来的经验，先准备后端真实服务器，再准备前端负载均衡器比较有效。

1. 后端服务器的准备工作

在后端的所有真实服务器（Real Server）上部署服务应用，确保每个服务都能直接被访问。如果后端都不能直接访问，即便配好前端负载均衡，服务也是不可用的，这也是要先准备好后端真实服务器的原因。

后端服务是 Web，就要求能由浏览器访问到每一个后端的页面；后端是 MySQL 数据库，就要求远程用 MySQL 客户端能成功连接每一个后端的 MySQL。

2. 负载均衡器的准备工作

两台负载均衡器安装好软件 Nginx 和 Keepalived，操作在前边的章节已有涉及，也比较简单，这里就不再赘述。

4.3.2 负载均衡器配置

存在两个项目，一个是 Web 服务集群，另一个是 Python 集群。将这两个集群置于同一个负载均衡器之下，有效利用资源。

为了便于开展工作，先把资源分配列举出来，见表 4-3。

表 4-3

名称	说明
Web 服务 VIP 地址及 TCP 端口	172.16.35.188:80
自定义 Python 服务地址及 TCP 端口	172.16.35.189:10033
负载均衡器物理地址	172.16.35.111，172.16.35.112
Web 服务后端真实服务器地址	172.16.35.107-109
自定义 Python 后端真实服务器地址	172.16.35.113-115
操作系统	全部为 Rocky 9
主要软件版本	Nginx-1.20.2，Keepalived-2.2.7
软件安装路径	/usr/local/nginx, /usr/local/keepalive
日志路径	/data/logs/keepalived.log,/data/logs/nginx.log

1. Nginx 负载均衡配置

用文本编辑器,撰写 Nginx 主配置文件"nginx.conf",其完整内容如下:

```
user nginx;
worker_processes auto;
error_log /data/logs/nginx/error.log;
pid /run/nginx.pid;

# Load dynamic modules. See /usr/share/doc/nginx/README.dynamic.
include /usr/share/nginx/modules/*.conf;
include /etc/nginx/conf.d/tcp10033.conf;


events {
    worker_connections 1024;
}

http {
     log_format  main  '$remote_addr - $remote_user [$time_local] "$request" '
                      '$status $body_bytes_sent "$http_referer" '
                      '"$http_user_agent" "$http_x_forwarded_for"';

    access_log  /data/logs/nginx/access.log  main;

    sendfile            on;
    tcp_nopush          on;
    tcp_nodelay         on;
    keepalive_timeout   65;
    types_hash_max_size 4096;

    include             /etc/nginx/mime.types;
    default_type        application/octet-stream;

    include /etc/nginx/conf.d/web.conf;
server {
        listen 80;
        server_name localhost;

        location / {
              proxy_pass http://web;
        }
```

```
        location /status {
            healthcheck_status html;
        }

        error_page 404 /404.html;
        location = /404.html {
        }

        error_page 500 502 503 504 /50x.html;
        location = /50x.html {
        }
    }
}
```

主配置文件以"include"指令包含两个自定义的子配置文件"web.conf"和"tcp10033.conf",这两条的位置特别有讲究。第一条自定义的"include /etc/nginx/conf.d/tcp10033.conf"指令,必须要放在文本块 http { } 之外;而另一行"include /etc/nginx/conf.d/web.conf"将其放在此处的用意是,单独把与 Web 服务相关的配置规整在一起,方便维护。指令错放位置,将会报错或得不到期待的结果。

主配置文件"nginx.conf"中手动添加了文本块"location /status { healthcheck_status html; }",这个文本块的作用是可以通过 Nginx 第三方模块"healthckeck"收集负载均衡器健康检查实时反馈过来的后端真实服务器服务运行的状态,比登录系统查看日志更直观一些。与 2.2 节所呈现方式差不多,但调用模块存在差异,因为"healthcheck_status"既收集 Web 服务的状态,也收集自定义的 TCP 服务状态。

Nginx 子配置文件"tcp10033.conf"的完整内容如下:

```
stream {
    upstream tcp10033 {
        server 172.16.35.113:10033;
        server 172.16.35.114:10033;
        server 172.16.35.115:10033;

        check interval=3000 rise=2 fall=5 timeout=1000 type=tcp;
    }
    log_format basic '$remote_addr [$time_local] '
                    '$protocol $status $bytes_sent $bytes_received '
                    '$session_time';
```

```
    server {
    listen 10033;
        proxy_pass tcp10033;
        access_log /data/logs/tcp10033-access.log basic buffer=32k;
    }
}
```

此配置文件有一个需要注意的地方,那就是需要把日志文件的路径"access_log /data/logs/tcp10033-access.log"定义到文本块"server { }"内部,虽然在外部也不会报错,但它不会真正起作用(不记录访问日志)。

另一个用于 Web 负载均衡、健康检查功能的子配置文件"web.conf"的完整内容如下:

```
upstream web {
        server 172.17.35.107   max_fails=1 fail_timeout=10;
server 172.17.35.108   max_fails=1 fail_timeout=10;
        server 172.17.35.109   max_fails=1 fail_timeout=10;
        check interval=3000 rise=2 fall=3 timeout=1000 type=tcp;
}
        access_log   /data/logs/access.log   main;
```

以纯文本方式撰写好 Nginx 所需的主配置、子配置文件后,人工检查一遍书写内容,接着在系统命令行执行"nginx -t"进行语法检查,无误后再继续执行指令"nginx"真正启动 Nginx 服务。通过远端的 Web 浏览器,输入刚配置完的负载均衡器所设定的 URL,正常情况下,可观察到整个集群的运行状况,如图 4-3 所示。

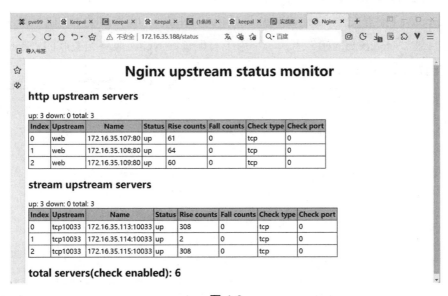

图 4-3

2. 撰写监控 Nginx 进程的 Shell 脚本

在已经配置好 Nginx 的负载均衡器宿主系统命令行下，用文本编辑器撰写 Shell 脚本，基本思路是检查系统进程是否存在"nginx"，如果不存在则启动"nginx"服务。

一个完整的、用于与 Keepalived 相整合的 Shell 脚本"/usr/local/bin/check_nginx.sh"内容如下：

```bash
#!/bin/bash
STATUS=`ps -C nginx --no-header |wc -l`

if [ "$STATUS" -eq "0" ]; then
   /usr/local/nginx/sbin/nginx
#systemctl start nginx
    STATUS2=`ps -C nginx --no-header|wc -l`
        if [ "$STATUS2" -eq "0" ]; then
        kill -9 $(ps -ef | grep keepalived | grep -v grep | awk '{print $2}')
        fi
fi
```

在系统命令行下，使 Nginx 服务处于未运行状态，再手动执行脚本"/usr/local/bin/check_nginx"，命令为"sh /usr/local/bin/check_nginx.sh"。执行过程没有错误输出，可以初步断定脚本是正确的，再用浏览器方式验证已经配置好的测试页面，就可保证脚本是正确的。

3. 配置 Keepalived

Keepalived 配置文件"keepalived.conf"本身不存在，直接用文本编辑器撰写一个，放置于目录"/etc/keepalived"中，一个用于与配置好 Nginx 服务相关联的"keepalived.conf"配置文件的完整内容如下：

```
global_defs {
   router_id 202
}

vrrp_script chk_nginx {
    script "/usr/local/bin/check_nginx.sh"
    interval 2
    weight 2
    }

###############################################################
```

```
#           vvrp_instance    define                                    #
################################################################
vrrp_instance VI_SERY{
    state    MASTER
    interface ens18
    virtual_router_id 120
    priority 100
    garp_master_delay 1
    authentication {
        auth_type PASS
        auth_pass KJj23576hYgu23I
    }
    track_interface {
        ens18
    }
    track_script {
        chk_nginx
    }
    virtual_ipaddress {
    172.16.35.188
    }
}
```

配置文件"keepalived.conf"文本块的位置有一个需要注意的地方，那就是"vrrp_script chk_nginx { }"要在前面，"track_script{}"要靠近文本的末尾，如果位置不恰当，Keepalived 服务即便能运行，也不能达到预定的目标。

配置好 Keepalived 及 Nginx 后，确保系统没有 Nginx 进程和 Keepalived 进程存在。在命令行执行指令"/usr/local/keepalived/sbin/keepalved"，执行如无报错输出，则用以下指令进行初步验证。

```
# 查看系统进程
ps auxww| grep -e nginx -e keepalived
# 查看nginx监听端口
netstat -anp| grep -e 80 -e 1003
```

上述两条指令输出的结果，如图 4-4 所示。

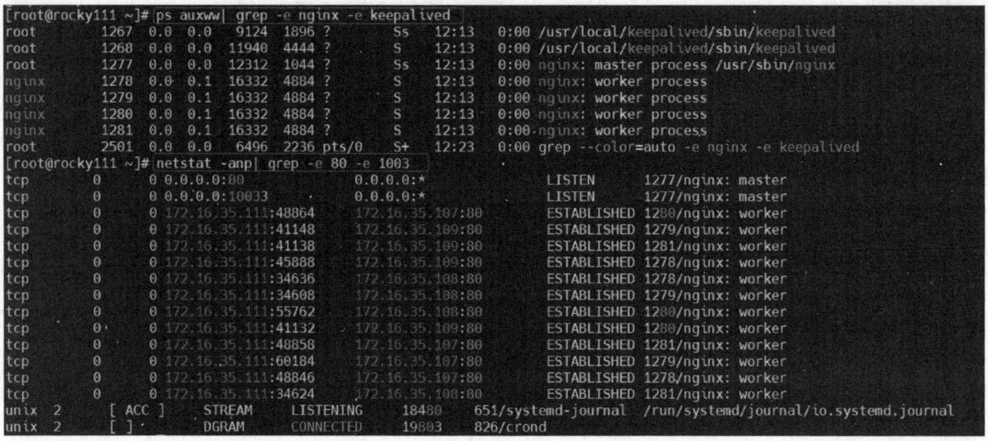

图 4-4

4.3.3 负载均衡器配置同步

从主负载均衡器将配置文件"nginx.conf""web.conf""tcp10033.conf"、脚本文件"/usr/local/bin/check_nginx.sh"及 Keepalived 配置文件"keepalived.conf"复制到辅助负载均衡器对应的位置,仅需在辅助负载均衡器上对配置文件"/etc/keepalived/keepalived.conf"做少许修改,其完整内容如下:

```
global_defs {
   router_id 203
   script_user root
   enable_script_security
}

vrrp_script chk_nginx {
    script "/usr/local/bin/check_nginx.sh"
    interval 2
    weight 2
    }

###################################################################
#       vvrp_instance    define                                   #
###################################################################
vrrp_instance SERY {
    state   BACKUP
interface ens18
virtual_router_id 120
    priority 80
```

```
    garp_master_delay 1
    authentication {
        auth_type PASS
        auth_pass KJj23576hYgu23I
    }
    track_interface {
        ens18
    }
    track_script {
        chk_nginx
    }
    virtual_ipaddress {
    172.16.35.188
    }
}
```

与主负载均衡器的配置文件相比较，仅有三处差异：route_id、state 与 priority。有些人为了提高负载均衡器的利用率，为每个负载均衡器设定两个"vip"、两个"vrrp_instance"。两个"vrrp_instance"互为主备，让两个负载均衡器同时工作。笔者认为，对于相同的任务，没必要搞得这么复杂，即便是空闲一台辅助负载均衡器，对于整个集群来说，所占的资金成本并不高，后期维护也容易。

4.3.4　Nginx 负载均衡整体功能验证

将高可用负载均衡集群所涉及的所有服务启动，并确保单个服务都处于正常状况。登录主辅两个负载均衡器的宿主系统，查看系统日志文件"/var/log/messages"，会在主负载均衡器日志文件看到状态标识"MASTER"，而在辅助负载均衡器的系统日志文件看到的状态标识是"BACKUP"，如图 4-5 所示。

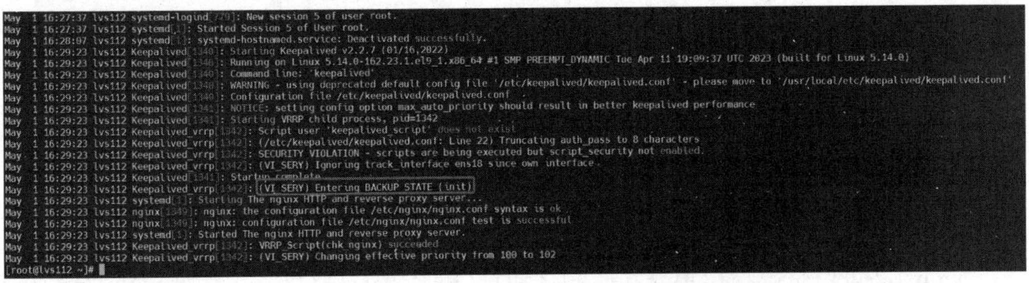

图 4-5

命令行按顺序关闭主负载均衡器的 Keepalived 及 Nginx 服务，在辅助负载均衡器查看系统日志"/var/log/messages",Keepalived 的状态标识转换成"MASTER"后,浏览器访问地址"http://172.16.35.188/test.html",页面显示正常;再用客户端远程连接地址"172.16.35.188"加端口号,也是正常的。这个方法验证了失败切换功能是满足实际需求的,实现了 VIP 地址的自动漂移和辅助均衡器角色的转换。

人为关闭后端真实服务器(172.16.35.114)运行的程序,模拟故障发生,在负载均衡状态显示页面,将很直观地看到这种变化,如图 4-6 所示。

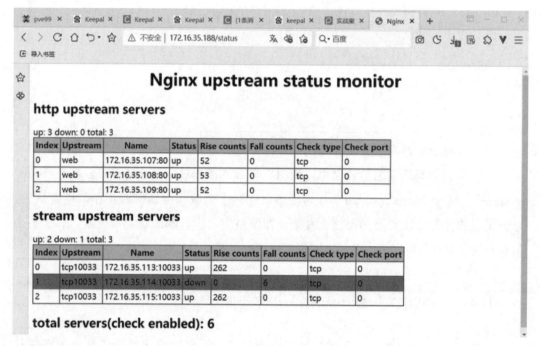

图 4-6

启动后端服务器(Real Server:172.16.35.114)的服务,"Nginx upstream status monitor"的状态将由"down"变成"up",红色标识将消失,如图 4-3 所示。

再次启动主负载均衡器(MASTER:172.16.35.111)的 Keepalived 服务,它将从辅助服务器(BACKUP:172.16.35.112)接管任务,重新转换成 MASTER 角色。

4.4 善后工作

Nginx 高可用负载均衡集群功能测试通过以后,为方便日常运行维护和管理,还有一些工作需要处理,包括:设置环境变量、负载均衡服务随系统开机自启动、文件备份、监控负载均衡等。

1. 设置环境变量

在主、辅负载均衡器宿主系统（Rocky 9）的系统文件"/etc/profile"末尾增加一行（可以指令 echo 或用 vi 编辑器）"export PATH=$PATH:/usr/local/keepalived/sbin"，下一次登录的时候，不用输入全路径，任意路径敲"Keepalived"就可以启动"Keepalived"服务。

2. 负载均衡服务随系统开机自启动

为了具备通用性（适应各种 Linux 操作系统发行版），笔者习惯于直接将启动脚本或命令行添加到系统文件"/etc/rc.local"（有些 Linux 发行版可能没有这个文件，可手动创建），然后让其具有可执行属性"x"。用指令"echo /usr/local/keepalived/sbin/keepalived >>/etc/rc.lcoal"追加到文件的末尾。添加完毕，在未正式交付使用之前，重启负载均衡器的宿主系统，验证 Keepalived 及 Nginx 是否自动随开机启动，这一步不可忽略。

3. 文件备份

需要备份的文件包括配置文件"keepalived.conf""nginx.conf"及其相关联的子配置文件"web.conf"和"tcp10033.conf"、脚本文件"check_nginx.conf"。为保险起见，应该将这些文本文件异地备份。每次对配置文件进行修改前都应该先备份，就算改错了也不怕。

4. 监控负载均衡

主、辅负载均衡器宿主系统，只有进程"keepalived"与进程"nginx"同时存在，才可以判断负载均衡器的功能正常，根据这个思路撰写 Shell 脚本"/usr/local/bin/check_loadblc.sh"，该脚本的完整内容如下：

```
#!/bin/bash
#writed by formyz,2023-5-2
stat1=`ps -C nginx --no-header |wc -l`
stat2=`ps -C keepalived --no-header |wc -l`
if [ "$stat1" -eq "0" -o "$stat2" -eq "0" ]; then
   echo "Load balance is Critical!"
   exit 1
fi
   echo "Load balance is OK!"
   exit 0
```

有意关闭负载均衡器"Keepalived"服务，然后手动执行脚本"/usr/local/bin/check_loadblc.sh"，观察其屏幕输出，如图 4-7 所示。

```
[root@lvs112 ~]# killall -9 keepalived
[root@lvs112 ~]# /usr/local/bin/check_loadblc.sh
Load balance is Critical!
[root@lvs112 ~]#
```

图 4-7

手动执行指令"/usr/local/keepalived/sbin/keepalived",使 Keepalived 服务恢复正常运行,再手动执行监控脚本"sh /usr/local/bin/check_loadlbc.sh",观察屏幕输出与 Keepalived 关闭时的差异,如图 4-8 所示。

```
[root@lvs112 ~]# killall -9 keepalived
[root@lvs112 ~]# /usr/local/bin/check_loadblc.sh
Load balance is Critical!
[root@lvs112 ~]# keepalived
[root@lvs112 ~]# /usr/local/bin/check_loadblc.sh
Load balance is OK!
[root@lvs112 ~]#
```

图 4-8

通过对比测试,自己撰写的 Shell 监控脚本是符合预期的,将其加入 Centreon 体系中,即可实现自动监控及故障自动告警(相关内容可参看《分布式监控平台 Centreon 实践真传》一书)。

4.5 杂项

1. 向已经安装好的 Nginx 附加健康检查插件

虽然有很多同行用 Nginx 辅助 Keepalived 做高可用负载均衡集群,但开源版的 Nginx 本身不具备健康检查功能,需要第三方模块支持,如果想像笔者这样,用 Rocky 9(CentOS 也一样)的包管理工具安装 Nginx,还想继续用原来的 Nginx 文件所分布的路径,则需进行配置,完整的配置指令如下:

```
./configure --prefix=/usr/share/nginx --sbin-path=/usr/sbin/nginx
--modules-path=/usr/lib64/nginx/modules --conf-path=/etc/nginx/
nginx.conf --error-log-path=/var/log/nginx/error.log --http-log-
path=/var/log/nginx/access.log --http-client-body-temp-path=/var/
lib/nginx/tmp/client_body --http-proxy-temp-path=/var/lib/nginx/tmp/
proxy --http-fastcgi-temp-path=/var/lib/nginx/tmp/fastcgi --http-
uwsgi-temp-path=/var/lib/nginx/tmp/uwsgi --http-scgi-temp-path=/
var/lib/nginx/tmp/scgi --pid-path=/run/nginx.pid --lock-path=/run/
```

```
lock/subsys/nginx --user=nginx --group=nginx --with-compat --with-
debug --with-file-aio --with-http_addition_module --with-http_auth_
request_module --with-http_dav_module --with-http_degradation_module
--with-http_flv_module --with-http_gunzip_module --with-http_gzip_
static_module --with-http_image_filter_module=dynamic --with-http_
mp4_module --with-http_perl_module=dynamic --with-http_random_index_
module --with-http_realip_module --with-http_secure_link_module
--with-http_slice_module --with-http_ssl_module --with-http_stub_
status_module --with-http_sub_module--with-http_v2_module --with-
http_xslt_module=dynamic --with- mail=dynamic --with-mail_ssl_module
--with-pcre --with-pcre-jit --with-stream=dynamic --with-stream_
ssl_module --with-stream_ssl_preread_module --with-threads --with-
cc-opt='-O2 -flto=auto -ffat-lto-objects -fexceptions -g -grecord-
gcc-switches -pipe -Wall -Werror=format-security -Wp,-D_FORTIFY_
SOURCE=2 -Wp,-D_GLIBCXX_ASSERTIONS -specs=/usr/lib/rpm/redhat/
redhat-hardened-cc1 -fstack-protector-strong -specs=/usr/lib/rpm/
redhat/redhat-annobin-cc1 -m64 -march=x86-64-v2 -mtune=generic
-fasynchronous-unwind-tables -fstack-clash-protection -fcf-
protection' --with-ld-opt='-Wl,-z,relro -Wl,--as-needed -Wl,-z,now
-specs=/usr/lib/rpm/redhat/redhat-hardened-ld -specs=/usr/lib/rpm/
redhat/redhat-annobin-cc1 -Wl,-E' --with-stream --add-module=/root/
ngx_healthcheck_module-master
```

看起来选项、参数很多，实际上新增的只有"--add-module=/root/ngx_healthcheck_module-master"这一项。

2. 仅设置监听端口的目的

Nginx 做负载均衡器，配置文件包括主配置及子配置文件，不要显式定义监听地址，仅需定义监听端口。这样做的目的是使负载均衡第一的"VIP"真正发挥作用。

3. Keepalived 支持多实例负载均衡

多任务、多 VIP 高可用负载均衡集群，需要在 Keepalived 配置文件中定义多个"vrrp_instance"来进行区分。

4. 注重日志文件好处多

日志文件包括系统日志文件"/var/log/messages"，需要特别关注，因为这些文件，对故障排查非常有价值，如果你习惯于在故障发生时立刻去查看日志，那么恭喜你，你已经取到 Linux 的"运维真经"。

第 5 章 HAProxy 高可用负载均衡集群

HAProxy 是一款比 Nginx 更专业、功能更强大、性能更强悍的负载均衡利器，笔者非常推崇。HAProxy 官方对产品的定位是"The Reliable, High Performance TCP/HTTP Load Balancer"，即可靠的、高性能 TCP/HTTP 负载均衡器，真低调！

HAProxy 提供两种类型的版本：开源版与企业版。开源版的地址是 https://www.haproxy.org；而企业版的地址是 https://www.haproxy.com。企业级版本标明具有"Active/Active、Active/Passive"，如图 5-1 所示。

图 5-1

在无须官方支持的情况下，开源版的 HAProxy 与 Keepalived 组合，可满足几乎所有的高并发、高性能、高可用负载均衡集群需求，只不过初始化与日常维护需要手动修改文本形式的配置文件。如无特别指出，后文 HAProxy 默认为开源版本的。

本章主要介绍 HAProxy 的主要功能与特性，HAProxy 的部署、配置，以及如何整合 HAProxy 与 Keepalived。

5.1 HAProxy 的主要功能与特性

HAProxy 的主要功能包括健康检查与负载分发，与其他开源版本的负载均衡软件功能并无差异。要实现负载均衡集群的高可用，需要与 Keepalived 或其他类似的工具相组合。

根据笔者多年的实践，以及参考其他在线资料，总结出以下一些特征。

（1）性能强劲，稳定性无与伦比。十多年来，除非服务器硬件故障，HAProxy 本身从未让笔者失望。笔者曾维护一个繁忙业务，并且配置了非常复杂的 HAProxy，但从未发生过故障，也没有性能上的障碍，如图 5-2 所示。

```
[root@haproxy196 etc]# pwd
/usr/local/haproxy/etc
[root@haproxy196 etc]# more haproxy.cfg | wc -l
1451
[root@haproxy196 etc]# uptime
 17:17:44 up 95 days,  2:40,  1 user,  load average: 0.28, 0.23, 0.23
[root@haproxy196 etc]#
```

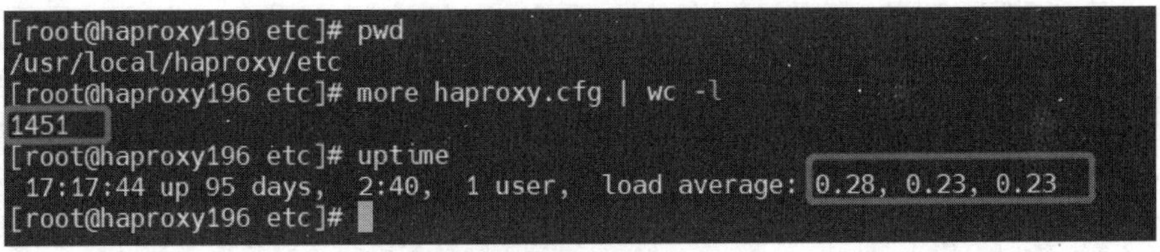

图 5-2

（2）灵活高效的访问控制列表（ACL）支持。在访问控制列表中引入正则表达式，可以实现更细粒度、更灵活的转发规则。比如主机名“formyz.com”转发到后端制定的服务器集群，而“formyz.com/down”却转发到另外一个集群。

（3）HAProxy 自带健康检查，无须第三方插件或模块。相比之下，开源版本的 Nginx 需要第三方模块来实现健康检查，在编译过程中很可能报错，对技术要求比较高，而且不能随 Nginx 版本更新同步。

（4）支持多种类型的会话保持（Session Persistence）。HAProxy 提供三种会话保持方法：源地址 Hash、Cookie 识别及会话粘滞表（stick-table）。这三种方法中，Cookie 识别应该是用得比较普遍的。为什么需要会话保持？假定一个需要用户登录的网站服务，浏览器访问 Web 设定的主页并加载完所有的元素，这一次的访问可能被负载均衡器分配到后端的 A 服务器；而当用户填写用户名、密码等认证信息后进行提交时，如果没有会话保持，很可能被负载均衡器分配到 B 服务器，登录就不能成功。会话保持的作用就是通过技术手段，在一个时间范围内，将每个客户端的请求固定（stick）在某个后端真实服务器。

（5）支持多域名证书负载均衡。在一个高可用负载均衡集群中，可能承载多个不同的应用，启用多个不同的域名时，不可能为每个域名部署一套单独的负载均衡器，因此需要复用负载均衡器来支持多域名证书，提高资源利用率，降低成本。HAProxy 如果以源码形式进行安装，则需要 Openssl TLS SNI 支持。

（6）支持日志自定义。HAProxy 配置文件定义日志级别，与系统自带的 Rsyslog 相结合，独自形成文件，方便管理及排错。

在操作系统上安装部署 HAProxy

HAProxy 可以在各种主流的 Linux 发行版、主流的 UNIX 操作系统（如 FreeBSD、Solaris）上安装和稳定高效地运行，从 HAProxy 提供的安装文档 "INSTALL" 中可以获得这些信息，如图 5-3 所示。

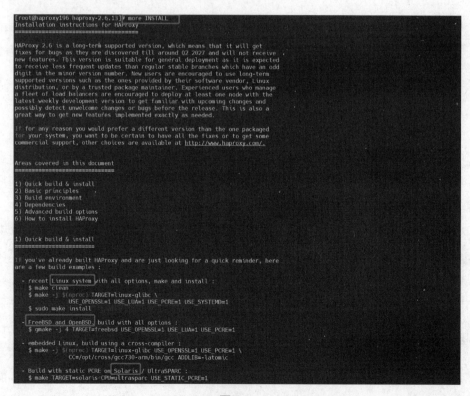

图 5-3

有两种安装 HAProxy 的方法：一种是用 Linux 操作系统发行版的包管理工具；另一种则是用源码进行编译安装。一般而言，包管理工具安装软件的局限性比较大，因为每种 Linux 操作系统发行版的包管理工具不一样，不具有通用性，而且封装的版本较陈旧；好处是安装简单、快捷。源码安装可选择较新的稳定版本，通用性强，在 Linux 或者 UNIX 上安装部署的方法几乎一致。

5.2.1　用包管理工具安装 HAProxy

采用包管理工具安装 HAProxy，为了解决软件包之间的依赖，目标系统最好能访问互联网。如果是封闭性网络，自建的软件仓库处理路径要曲折一些。接下来介绍一些笔者常用的 Linux 操作系统发行版安装 HAProxy 的方法。

1. Rocky 9 安装 HAProxy

系统命令行执行指令"dnf install haproxy"（执行"yum install haproxy"也一样），获取到的版本为"haproxy-2.4.17"，输入字母"y"进行正式安装，如图 5-4 所示。CentOS 各发行版本也是一样的安装方法，不再赘述。

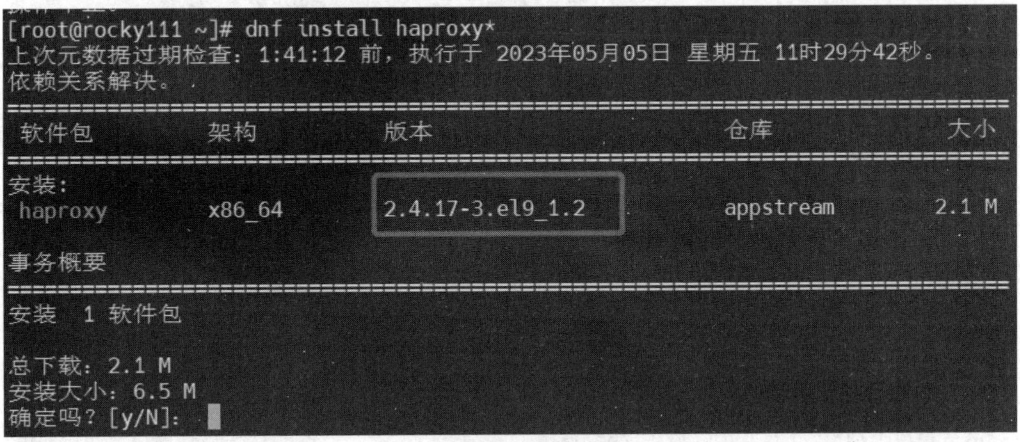

图 5-4

2. Debian 11 安装 HAProxy

系统命令行执行"apt install HAProxy"或者"apt-get install haproxy"，获取到的版本为"haproxy-2.2.9"，相对于 Rocky 9，所提供的版本较低，无须人工干涉，自动完成安装，如图 5-5 所示（执行"apt remove haproxy"可卸载）。

```
root@pve99:~# apt-get install haproxy
Reading package lists... Done
Building dependency tree... Done
Reading state information... Done
Suggested packages:
  vim-haproxy haproxy-doc
The following NEW packages will be installed:
  haproxy
0 upgraded, 1 newly installed, 0 to remove and 50 not upgraded.
Need to get 1,899 kB of archives.
After this operation, 3,829 kB of additional disk space will be used.
Get:1 https://mirrors.ustc.edu.cn/debian bullseye/main amd64 haproxy amd64 2.2.9
-2+deb11u5 [1,899 kB]
Fetched 1,899 kB in 2s (788 kB/s)
Selecting previously unselected package haproxy.
(Reading database ... 65626 files and directories currently installed.)
Preparing to unpack .../haproxy_2.2.9-2+deb11u5_amd64.deb ...
Unpacking haproxy (2.2.9-2+deb11u5) ...
Setting up haproxy (2.2.9-2+deb11u5) ...
Processing triggers for rsyslog (8.2102.0-2+deb11u1) ...
Processing triggers for man-db (2.9.4-2) ...
```

图 5-5

3. Suse 15 安装 HAProxy

系统命令行执行"zypper install haproxy",获取到的版本为"haproxy-2.4.8",输入字母"y"进行正式安装,如图 5-6 所示。

```
The following NEW package is going to be installed:
  haproxy

1 new package to install.
Overall download size: 2.2 MiB. Already cached: 0 B. After the operation, additional 6.6 MiB
will be used.
Continue? [y/n/v/...? shows all options] (y): v
The following NEW package is going to be installed:
  haproxy  2.4.8+git0.d1f8d41e0-150400.3.10.1

1 new package to install.
Overall download size: 2.2 MiB. Already cached: 0 B. After the operation, additional 6.6 MiB
will be used.
Continue? [y/n/v/...? shows all options] (y): y
Retrieving: haproxy-2.4.8+git0.d1f8d41e0-150400.3.10.1.x86_64 (Update repository with updates
from SUSE Linux Enterprise 15)
                                                                        (1/1),   2.2 MiB
Retrieving: haproxy-2.4.8+git0.d1f8d41e0-150400.3.10.1.x86_64.rpm .........[done (1.4 MiB/s)]
Checking for file conflicts: .........................................................[done]
/usr/sbin/useradd -r -c User for haproxy -d /var/lib/haproxy -U haproxy -s /usr/sbin/nologin
(1/1) Installing: haproxy-2.4.8+git0.d1f8d41e0-150400.3.10.1.x86_64 ...................[done]
```

图 5-6

以包管理工具安装在 Linux 系统的 HAProxy,其主要的文件有两个:一个是可执行文件"haproxy",用来启动"haproxy"服务,完整的路径是"/usr/sbin/haproxy";另一个是启动服务所必需的配置文件"/etc/haproxy/haproxy.cfg",对 HAProxy 进行维护的时候,几乎全部的工作都在这个配置文件上进行,当然,也可以在别的路径重新定义配置文件,启动 HAProxy 服务时,加选项"-f"指定自建的配置文件。

包管理工具安装方便快捷，也不容易出错（相对于源码安装），但其隐藏了细节，整个过程不可控，比如是否支持某项功能，需要安装完成后查看，再比如前文关于 Nginx 需要"Health Check"时，就需要重新进行处理。那么用包管理工具安装的 HAProxy，是否包含我们关注的某些功能，比如多域名证书支持（Openssl SNI）？系统命令行运行指令"haproxy"加选项"-vv"，一窥究竟，如图 5-7 所示。

```
CFLAGS   = -fmessage-length=0 -grecord-gcc-switches -O2 -Wall -D_FORTIFY_SOURCE=2 -fstack-prot
ector-strong -funwind-tables -fasynchronous-unwind-tables -fstack-clash-protection -g -Wall -We
xtra -Wdeclaration-after-statement -fwrapv -Wno-unused-label -Wno-sign-compare -Wno-unused-para
meter -Wno-clobbered -Wno-missing-field-initializers -Wtype-limits -Wshift-negative-value -Wshi
ft-overflow=2 -Wduplicated-cond -Wnull-dereference
  OPTIONS = USE_PCRE=1 USE_PCRE_JIT=1 USE_PTHREAD_PSHARED=1 USE_GETADDRINFO=1 USE_OPENSSL=1 USE
_LUA=1 USE_ZLIB=1 USE_TFO=1 USE_NS=1 USE_SYSTEMD=1 USE_PROMEX=1 USE_PIE=1 USE_STACKPROTECTOR=1
USE_RELRO_NOW=1
  DEBUG   =

Feature list : +EPOLL -KQUEUE +NETFILTER +PCRE +PCRE_JIT -PCRE2 -PCRE2_JIT +POLL -PRIVATE_CACHE
 +THREAD +PTHREAD_PSHARED +BACKTRACE -STATIC_PCRE -STATIC_PCRE2 +TPROXY +LINUX_TPROXY +LINUX_SP
LICE +LIBCRYPT +CRYPT_H +GETADDRINFO +OPENSSL +LUA +FUTEX +ACCEPT4 -CLOSEFROM +ZLIB -SLZ +CPU_A
FFINITY +TFO +NS +DL +RT -DEVICEATLAS -51DEGREES -WURFL +SYSTEMD -OBSOLETE_LINKER +PRCTL -PROCC
TL +THREAD_DUMP -EVPORTS -OT -QUIC +PROMEX -MEMORY_PROFILING

Default settings :
  bufsize = 16384, maxrewrite = 1024, maxpollevents = 200

Built with multi-threading support (MAX_THREADS=64, default=4).
Built with OpenSSL version : OpenSSL 1.1.1l  24 Aug 2021 SUSE release SUSE_OPENSSL_RELEASE
Running on OpenSSL version : OpenSSL 1.1.1l  24 Aug 2021 SUSE release 150400.7.28.1
OpenSSL library supports TLS extensions : yes
OpenSSL library supports SNI : yes
OpenSSL library supports : TLSv1.0 TLSv1.1 TLSv1.2 TLSv1.3
Built with Lua version : Lua 5.3.6
Built with the Prometheus exporter as a service
Built with network namespace support.
```

图 5-7

5.2.2　用源码安装 HAProxy

为了使软件适应各种运行环境（UNIX 或 Linux），绝大部分开源工具都以源码方式进行正式发布。

采用源码方式安装 HAProxy，具有以下的优势。

（1）自由选择软件版本。

（2）安装过程可以控制。在配置（./configure）或者编译过程中，加入选项或者参数，使性能更为优化、功能更为精简（要什么就选什么）。

（3）限定安装目录。将软件所需的文件、目录限定到指定的路径，避免随意乱放，日常维护和管理省心省力。

（4）通用性强。不管操作系统是 UNIX 还是 Linux，都可以用这种方式安装 HAProxy。

（5）有利于提高人员的专业技术水平。

当然，有优点必然也有缺点。比如安装过程复杂耗时、技术水平要求高（要有很强的排错能力）。至于用哪种方法安装软件，没有规定，也没有哪种方式更优，还是根据自己的习惯来选择吧！

1. 选择 HAProxy 版本

HAProxy 官方网站发布的最新版本为"2.7.8"，笔者一般习惯于选择次新一点的稳定版本"2.6.13"。由于某些众所周知的原因，官方网站 http://www.haroxy.org 有时用浏览器不能访问，可尝试镜像站点 https://mirrors.huaweicloud.com/haproxy/，此镜像站点提供 HAProxy 的各种版本，如图 5-8 所示。

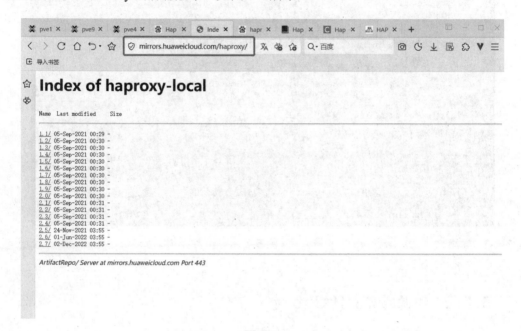

图 5-8

2. 下载 HAProxy 到目标服务器

登录到目标系统，命令行执行如下指令。

```
# 用 git 拉取整个分支
git clone https://git.haproxy.org/git/haproxy-2.6.git
# 或者用 wget 获取压缩包文件，再解包
wget https://www.haproxy.org/download/2.6/src/snapshot/haproxy-ss-LATEST.tar.gz
tar zxvf  haproxy-ss-LATEST.tar.gz
```

这两种方式获取的版本都是"haproxy-2.6.13"，通过阅读下载的文件"VERSION"，确认文件的版本号，如图 5-9 所示。

```
[root@VM-0-128-centos ~]# ls haproxy-ss-20230503/          ← git clone 下载
addons     CHANGELOG      doc        INSTALL     Makefile    scripts   tests
admin      CONTRIBUTING   examples   LICENSE     README      src       VERDATE
BRANCHES   dev            include    MAINTAINERS reg-tests   SUBVERS   VERSION
[root@VM-0-128-centos ~]# ls haproxy-2.6/                  ← wget 下载
addons     CHANGELOG      doc        INSTALL     Makefile    scripts   tests
admin      CONTRIBUTING   examples   LICENSE     README      src       VERDATE
BRANCHES   dev            include    MAINTAINERS reg-tests   SUBVERS   VERSION
[root@VM-0-128-centos ~]# more haproxy-2.6/VERSION
2.6.13
[root@VM-0-128-centos ~]# more haproxy-ss-20230503/VERSION
2.6.13
[root@VM-0-128-centos ~]#
```

图 5-9

3. 安装 HAProxy 所需的依赖

一般情况下，编译安装 HAProxy 需要 OpenSSL、PCRE、GCC 等几个依赖包，因此需要预先将这几个工具包安装到系统中。如不能确认所安装的系统是否已经存在这些包，可以用系统自带的包管理工具安装一次，就算依赖包已经存在，最多不进行实际安装而已，不会对系统造成任何负面影响。以包管理工具安装 HAProxy 所需的依赖指令如下：

```
#Rocy 9 ,CentOS 9等
dnf install gcc openssl-devel pcre-devel

#Debian 及 Ubuntu等
apt install gcc openssl-devel
```

4. 编译安装 HAProxy

HAProxy 源码提供了一个安装文档 "INSATLL"，在安装之前，可预先阅读这个文件，了解一个大概，避免一上来就根据以往的习惯，执行 "./configure"。HAProxy 源码包里，没有 "configure" 这个脚本文件，而是有一个配置好的 "Makefile" 文件，系统命令执行指令 "make" 加所需的选项或参数，就可以进行编译了。编译、安装 HAProxy 源码的完整指令如下：

```
cd haproxy-2.6
make ARCH=x86_64 TARGET=linux-glibc USE_PCRE=1 USE_OPENSSL=1 \
USE_ZLIB=1 USE_PCRE_JIT=1

# 指定安装路径 /usr/local/haproxy
make install PREFIX=/usr/local/haproxy
```

编译与安装过程如无报错，表明方法是正确的。进入软件安装目录 "/usr/local/haproxy"，执行指令 "sbin/haproxy -vv" 验证安装好的 HAProxy 所需的功能是否被支持，如图 5-10 所示。

```
[root@rocky111 haproxy-ss-20230503]# /usr/local/haproxy/sbin/haproxy -vv
HAProxy version 2.6.13-234aa6d 2023/05/02 - https://haproxy.org/
Status: long-term supported branch - will stop receiving fixes around Q2 2027.
Known bugs: http://www.haproxy.org/bugs/bugs-2.6.13.html
Running on: Linux 5.14.0-162.23.1.el9_1.x86_64 #1 SMP PREEMPT_DYNAMIC Tue Apr 11 19:09:37 UTC 2
023 x86_64
Build options :
  TARGET  = linux-glibc
  CPU     = generic
  CC      = cc
  CFLAGS  = -m64 -march=x86-64 -O2 -g -Wall -Wextra -Wundef -Wdeclaration-after-statement -Wfat
al-errors -Wtype-limits -Wshift-negative-value -Wshift-overflow=2 -Wduplicated-cond -Wnull-dere
ference -fwrapv -Wno-address-of-packed-member -Wno-unused-label -Wno-sign-compare -Wno-unused-p
arameter -Wno-clobbered -Wno-missing-field-initializers -Wno-cast-function-type -Wno-string-plu
s-int -Wno-atomic-alignment
  OPTIONS = USE_PCRE=1 USE_PCRE_JIT=1 USE_OPENSSL=1 USE_ZLIB=1
  DEBUG   = -DDEBUG_STRICT -DDEBUG_MEMORY_POOLS

Feature list : -51DEGREES +ACCEPT4 +BACKTRACE -CLOSEFROM +CPU_AFFINITY +CRYPT_H -DEVICEATLAS +D
L -ENGINE +EPOLL -EVPORTS +GETADDRINFO -KQUEUE +LIBCRYPT +LINUX_SPLICE +LINUX_TPROXY -LUA -MEMO
RY_PROFILING +NETFILTER +NS -OBSOLETE_LINKER +OPENSSL -OT +PCRE -PCRE2 -PCRE2_JIT +PCRE_JIT +PO
LL +PRCTL -PROCCTL -PROMEX -QUIC +RT -SLZ -STATIC_PCRE -STATIC_PCRE2 -SYSTEMD +TFO +THREAD +THR
EAD_DUMP +TPROXY -WURFL +ZLIB

Default settings :
  bufsize = 16384, maxrewrite = 1024, maxpollevents = 200

Built with multi-threading support (MAX_THREADS=64, default=4).
Built with OpenSSL version : OpenSSL 3.0.1 14 Dec 2021
Running on OpenSSL version : OpenSSL 3.0.1 14 Dec 2021
OpenSSL library supports TLS extensions : yes
OpenSSL library supports SNI : yes
OpenSSL library supports : TLSv1.0 TLSv1.1 TLSv1.2 TLSv1.3
OpenSSL providers loaded : default
Built with network namespace support.
Support for malloc_trim() is enabled.
```

图 5-10

5.3 配置 HAProxy

以包管理工具安装的 HAProxy，在目录"/etc/haproxy"中存在一个样例配置文件"haproxy.cfg"，系统管理人员可根据自己的需求，对此文件进行修改，使其适合业务场景。而用源码编译安装的 HAProxy，没有样例配置文件生成，需要自行手动创建及加入相关内容。

5.3.1 HAProxy 代理 HTTP

HAProxy 代理 HTTP 是最基本、最简单的功能，由最简单的功能开始，更容易成功。一个完整的、经过精简的、具有"HTTP 负载均衡、会话保持、能实时查看集群状态"功能的配置文件"haproxy.cfg"的内容如下：

```
#---------------------------------------------------------------------
# Global settings
#---------------------------------------------------------------------
global
    #       /etc/sysconfig/syslog
    #
    #local2.*                           /var/log/haproxy.log
    log         127.0.0.1 local2

    chroot       /var/lib/haproxy
    pidfile      /var/run/hapAroxy.pid
    maxconn      4000
    user         haproxy
    group        haproxy
    daemon

    ssl-default-bind-ciphers PROFILE=SYSTEM
    ssl-default-server-ciphers PROFILE=SYSTEM
    **tune.ssl.default-dh-param 2048**
#---------------------------------------------------------------------
# common defaults that all the 'listen' and 'backend' sections will
# use if not designated in their block
#---------------------------------------------------------------------
defaults
    mode                    http
    log                     global
    option                  httplog
    option                  dontlognull
    option                  http-server-close
    option                  redispatch
    retries                 3
    timeout http-request    10s
    timeout queue           1m
    timeout connect         10s
    timeout client          1m
    timeout server          1m
    timeout http-keep-alive 10s
    timeout check           10s
    maxconn                 3000

#---------------------------------------------------------------------
# cluster status
#  ---------------------------------------------------------------------
```

```
listen     loadblc-stats
        bind *:9999
        mode http
        stats refresh 30s
        stats   uri    /haproxy-stats
        stats hide-version
        stats realm haproxy\statistics
        stats auth admin:haproxy
#---------------------------------------------------------------
# main frontend which proxys to the backends
#---------------------------------------------------------------
frontend http-80
bind *:80
option httplog
option forwardfor          except 127.0.0.0/8
log    global
option forwardfor
    default_backend              www

#---------------------------------------------------------------
# round robin balancing between the various backends
#---------------------------------------------------------------
backend www
    balance source
    cookie   http-server insert indirect nocache
    server   app107 172.16.35.107:80 check cookie app107
    server   app108 172.16.35.108:80 check cookie app108
    server   app109 172.16.35.109:80 check cookie app109
```

撰写好配置文件"haproxy.cfg",系统命令行执行如下指令进行语法检查。

```
haproy -f /etc/haproxy/haproxy.cfg -c
```

如果没有语法错误,屏幕输出"Configuration file is valid"。如果输入的文本有错误,比如将字符串"cookie"错输为"Cookie",模拟输入错误,执行语法检查,屏幕输出非常有用的报错信息,如图 5-11 所示。

图 5-11

语法检查没有错误以后，去掉选项"-c"真正启动 HAProxy 服务，完整的指令如下：

```
haproy -f /etc/haproxy/haproxy.cfg
```

HAProxy 服务虽然启动，但是否就是我们所期待的效果呢？通过浏览器访问预先设定好的测试页，[地址为 http://172.16.35.111/test.html（暂时未使用集群 VIP 地址，用负载均衡器实际地址）]，页面显示正常。再访问地址 http://172.16.35.111:9999/haproxy-status，查看负载均衡集群状态（正常的话，输入配置文件中设置的用户名及密码），如图 5-12 所示。

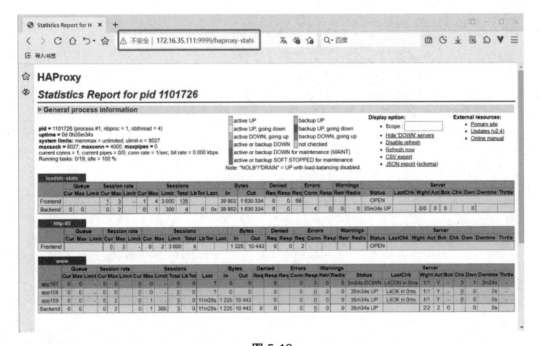

图 5-12

通过上述方法，验证了 HAProxy 配置的正确性。但是，默认情况下，HAProxy 没有开启日志。因为负载均衡作为用户访问的入口，开启日志记录，对于统计和分析用户的行为有很大的帮助，因此，建议将 HAProxy 日志功能打开。

5.3.2 启用 HAProxy 日志功能

在 5.3.1 节的"haproxy.cfg"配置文件开始部分，也就是全局设置部分，有一行"log 127.0.0.1 local2"文本，从字面上理解应该与日志有关，那么我们就以此为基准，将其与系统自带的日志服务"Rsyslog"相整合，将 HAProxy 的日志记录到指定的文件。通常情况下，HAProxy 日志文件存放于独立的分区甚至独立的磁盘，也可存储于远程的日志服务器。

修改系统日志服务配置文件"/etc/rsyslog.conf"，取消某些行的注释，然后在文件的末尾追加文本行"local2.*   /data/logs/haproxy.log"。笔者某个没有注释、功能正常并能记录 HAProxy 访问记录的"/etc/syslog.conf"如下：

```
global(workDirectory="/var/lib/rsyslog")
module(load="builtin:omfile" Template="RSYSLOG_
TraditionalFileFormat")
include(file="/etc/rsyslog.d/*.conf" mode="optional")
module(load="imuxsock"
       SysSock.Use="off")

module(load="imjournal"
       StateFile="imjournal.state")
module(load="imklog")
module(load="immark")
module(load="imudp")
input(type="imudp" port="514")
module(load="imtcp")
input(type="imtcp" port="514")
mail.none;authpriv.none;cron.none            /var/log/messages
authpriv.*                                   /var/log/secure
mail.*                                      -/var/log/maillog
cron.*                                       /var/log/cron
*.emerg                                      :omusrmsg:*
uucp,news.crit                               /var/log/spooler
local7.*                                     /var/log/boot.log
local2.*                                     /data/logs/haproxy.log
```

不同 Linux 操作系统发行版的 Rsyslog 服务的配置文件语法上可能略有差异，此处的配置是基于 Rocky 9 的系统版本，CentOS 7 的版本就与此存在一些差异，但处理方法基本一致。另外一个非要重要的地方就是，包含字符串"/var/log/messages"所在的文本行，是以字段"*.info;"开头的，需要将其删掉，其他字段保留，否则的话，会在系统日志文件"/var/log/messages"及自定义的文件"/data/logs/haproxy.log"中重复记录访问日志，这不是我们所期望的。

配置好系统日志服务 Rsyslog 后，需要重启 Rsyslog 及 HAProxy 服务。然后浏览器访问地址 http://172.16.35.111/test.html 与 http://172.16.35.111:9999/haproxy-stats，刷新页面数次，然后查看日志文件"/data/logs/haproxy.log"，每一次访问都被如实地记录，如图 5-13 所示。

```
May  9 12:39:04 localhost haproxy[1102549]: 172.16.35.19:61331 [09/May/2023:12:39:04.147] loa
dblc-stats loadblc-stats/<STATS> 0/0/0/0/0 200 23951 - - LR-- 2/2/0/0/0 0/0 "GET /haproxy-sta
ts HTTP/1.1"
May  9 12:39:04 localhost haproxy[1102549]: 172.16.35.19:61331 [09/May/2023:12:39:04.311] loa
dblc-stats loadblc-stats/<STATS> 0/0/0/0/0 200 23951 - - LR-- 2/2/0/0/0 0/0 "GET /haproxy-sta
ts HTTP/1.1"
May  9 12:39:05 localhost haproxy[1102549]: 172.16.35.19:61335 [09/May/2023:12:39:05.829] htt
p-80 www/app109 0/0/0/0/0 304 154 - - --VN 4/2/0/0/0 0/0 "GET /test.html HTTP/1.1"
May  9 12:39:05 localhost haproxy[1102549]: 172.16.35.19:61335 [09/May/2023:12:39:05.998] htt
p-80 www/app109 0/0/1/0/1 304 154 - - --VN 4/2/0/0/0 0/0 "GET /test.html HTTP/1.1"
May  9 12:39:13 localhost haproxy[1102549]: 172.16.35.19:61332 [09/May/2023:12:39:03.817] loa
dblc-stats loadblc-stats/<NOSRV> -1/-1/-1/-1/10001 408 0 - - cR-- 4/2/0/0/0 0/0 "<BADREQ>"
May  9 12:39:15 localhost haproxy[1102549]: 172.16.35.19:61336 [09/May/2023:12:39:05.829] htt
p-80 http-80/<NOSRV> -1/-1/-1/-1/10001 408 0 - - cR-- 2/2/0/0/0 0/0 "<BADREQ>"
May  9 12:39:34 localhost haproxy[1102549]: 172.16.35.19:61357 [09/May/2023:12:39:34.406] loa
dblc-stats loadblc-stats/<STATS> 0/0/0/0/0 200 23951 - - LR-- 2/2/0/0/0 0/0 "GET /haproxy-sta
ts HTTP/1.1"
May  9 12:39:44 localhost haproxy[1102549]: 172.16.35.19:61358 [09/May/2023:12:39:34.406] loa
dblc-stats loadblc-stats/<NOSRV> -1/-1/-1/-1/10001 408 0 - - cR-- 1/1/0/0/0 0/0 "<BADREQ>"
May  9 12:40:04 localhost haproxy[1102549]: 172.16.35.19:61376 [09/May/2023:12:40:04.471] loa
dblc-stats loadblc-stats/<STATS> 0/0/0/0/0 200 23952 - - LR-- 1/1/0/0/0 0/0 "GET /haproxy-sta
ts HTTP/1.1"
May  9 12:40:14 localhost haproxy[1102549]: 172.16.35.19:61377 [09/May/2023:12:40:04.476] loa
dblc-stats loadblc-stats/<NOSRV> -1/-1/-1/-1/10000 408 0 - - cR-- 1/1/0/0/0 0/0 "<BADREQ>"
[root@rocky111 etc]#
```

图 5-13

5.3.3 HAProxy 代理 TCP

HAProxy 不支持“include”指令，但能在选项“-f”后支持目录或多个配置文件（如图 5-14 所示），有了这个便利，就可以将 TCP 代理单独写一个配置文件。

```
[root@rocky111 haproxy]# haproxy --help
HAProxy version 2.4.17-9f97155 2022/05/13 - https://haproxy.org/
Status: long-term supported branch - will stop receiving fixes around Q2 2026.
Known bugs: http://www.haproxy.org/bugs/bugs-2.4.17.html
Running on: Linux 5.14.0-162.23.1.el9_1.x86_64 #1 SMP PREEMPT_DYNAMIC Tue Apr 11 19:09:37 UTC 2023 x86_64
Usage : haproxy [-f <cfgfile|cfgdir>]* [ -vdVD ] [ -n <maxconn> ] [ -N <maxpconn> ]
        [ -p <pidfile> ] [ -m <max megs> ] [ -C <dir> ] [-- <cfgfile>*]
        -v displays version ; -vv shows known build options.
        -d enters debug mode ; -db only disables background mode.
        -dM[<byte>] poisons memory with <byte> (defaults to 0x50)
        -V enters verbose mode (disables quiet mode)
        -D goes daemon ; -C changes to <dir> before loading files.
        -W master-worker mode.
        -Ws master-worker mode with systemd notify support.
        -q quiet mode : don't display messages
        -c check mode : only check config files and exit
        -n sets the maximum total # of connections (uses ulimit -n)
        -m limits the usable amount of memory (in MB)
        -N sets the default, per-proxy maximum # of connections (0)
        -L set local peer name (default to hostname)
        -p writes pids of all children to this file
        -de disables epoll() usage even when available
        -dp disables poll() usage even when available
        -dS disables splice usage (broken on old kernels)
        -dG disables getaddrinfo() usage
        -dR disables SO_REUSEPORT usage
        -dL dumps loaded object files after config checks
        -dr ignores server address resolution failures
        -dV disables SSL verify on servers side
        -dW fails if any warning is emitted
        -dD diagnostic mode : warn about suspicious configuration statements
        -sf/-st [pid ]* finishes/terminates old pids.
        -x <unix_socket> get listening sockets from a unix socket
        -S <bind>[,<bind options>...] new master CLI

[root@rocky111 haproxy]#
```

图 5-14

在目录“/etc/haproxy”中创建文本文件“tcp10033.cfg”，其完整内容如下：

```
frontend tcp10033
    mode tcp
    bind *:10033
    option tcplog
    log global
    default_backend srv10033

backend srv10033
    mode tcp
    balance source
    server app113 172.16.35.113:10033 check
    server app114 172.16.35.114:10033 check
    server app115 172.16.35.115:10033 check
```

需对配置文件"tcp10033.cfg"说明以下几点。

因为主配置文件"haprxoy.cfg"默认的模式为"http",因此这里两次显式指定模式为"tcp"。如果只指定一处,则很可能在执行语法检查的时候出现错误。

增加选项"tcplog",TCP 的访问日志与 HTTP 的访问日志都被记录到"/data/log/haproxy.log"中。

保存配置,执行如下指令进行语法检查及启动服务。

```
[root@rocky111 haproxy]# haproxy -f /etc/haproxy -c
Configuration file is valid
[root@rocky111 haproxy]# haproxy -f /etc/haproxy
```

通过浏览器访问地址 http://172.16.35.111/test.html,以及客户端连接"172.16.35.111"端口"10033",观察客户端的访问是否被记录到日志文件"/data/logs/haprxoy"中,如图 5-15 所示。

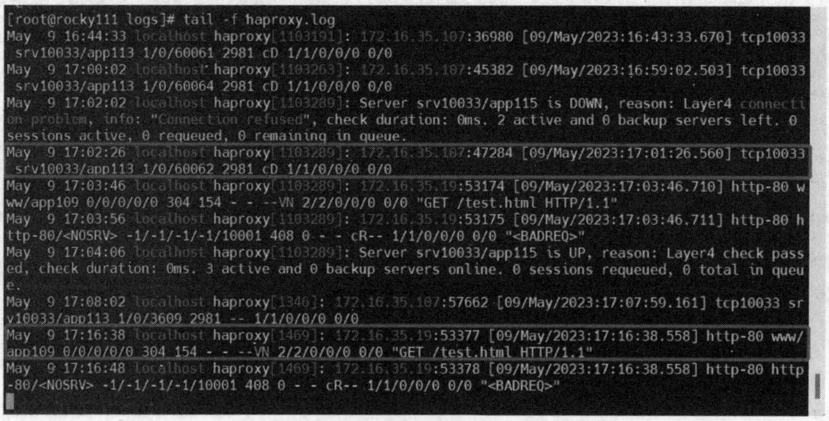

图 5-15

5.3.4　HAProxy 代理 HTTPS

在配置之前，先要获得 HTTPS 证书。一般情况下，获得的证书文件是两个：一个是以".key"为后缀的文本文件；另一个是以".crt"为后缀的文本文件。需要将这两个文件合并成新的文件，并以".pem"作为后缀，使用的指令是"cat formyz.crt formyz.key > formyz.pem"。如果有多个域名，需要重复执行上述指令生成相应的证书，并将其放在专用的目录，以便统一管理。新生成的证书文件可用指令 OpenSSL 验证其有效性，如图 5-16 所示。

图 5-16

在目录"/etc/haproxy"中建立子目录"keys"，将所有合并生成的证书文件（以 .pem 结尾）存储到目录"/etc/haproxy/keys"中。当然也可以是其他任意目录，只要能被 HAProxy 正常读取即可。

有两种代理 HTTPS 的方法：一种是将证书放在后端真实服务器，HAProxy 以

TCP 模式转发请求到后端的 443 端口；另一种是将证书放在负载均衡器，由 HAProxy 负责加密、解密处理。

1. 以 TCP 模式分发 HTTPS 请求

以 TCP 模式分发 HTTPS，俗称直通（Pass-Through）模式，需要在负载均衡集群后端所有 Web 服务器部署证书。而对于负载均衡器来说，配置和处理上就要简单一些。

在目录"/etc/haproxy"中创建配置文件"https.cfg"（当然也可以是其他任意路径与目录），某项目完整的 HTTPS 负载均衡端"https.cfg"配置如下：

```
frontend https_proxy
mode tcp
bind *:443
option tcplog
log global

acl www_formyz            hdr_beg(host) -i   www.formyz.com
acl bbs_formyz            hdr_beg(host) -i   bbs.formyz.com

use_backend          www_formyz_com       if  www_formyz
use_backend          bbs_formyz_com       if  bbs_formyz

backend www_formyz_com
  mode tcpbalance source
  server app121 172.16.35.121:443 check
  server app122 172.16.35.122:443 check
  server app123 172.16.35.123:443 check
  server app124 172.16.35.123:443 check
backend bbs_formyz_com
  mode tcp
  balance source
  server app125 172.16.35.125:443 check
  server app126 172.16.35.126:443 check
  server app127 172.16.35.127:443 check
```

启动 HAProxy 服务前，系统命令行执行"haproxy -f /etc/haproxy -c"进行语法检查，没有报错再正式启动 HAProxy。需要注意的是，选项"-f"所带的参数是目录"/etc/haproxy"，为什么如此？请参见前面的内容。

2. HAProxy 自身处理 HTTPS

官方的术语为"HAProxy SSL Termination"，大概可翻译为 HAProxy 终结 SSL。通信流量的加密、解密皆由 HAProxy 承担，如图 5-17 所示（图片来源于官方网站）。这样做的好处是不需要对负载均衡集群的后端 Web 服务做处理。

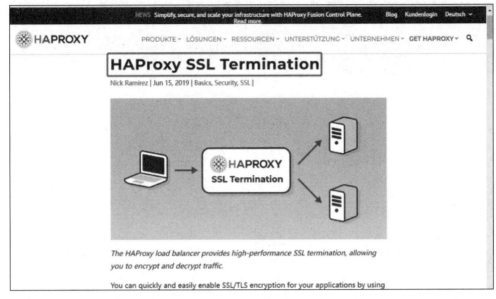

图 5-17

接下来创建一个名为"http_https.cfg"的配置文件，囊括以下功能。

（1）HTTP 与 HTTPS 共存。

（2）一些站点（不是全部）HTTP 强制跳转到 HTTPS。

（3）访问控制列表（ACL）主机名与路径名共存，根据需求进行不同的组合。

（4）多域名 HTTPS。

总体功能比较复杂，为便于阅读和理解，下面分块书写并加注释。因涉及项目隐私，域名系笔者杜撰，请勿尝试访问这些网站。"http_https.cfg"完整的内容如下：

```
#HTTP proxy
frontend server_port80
   bind *:80
   mode http
   option httplog
   option httpclose
   option forwardfor
   log global
   acl main_yaicai    hdr_beg(host)   -i www.yaicai.com www.yaicai.cn
   acl photo_yaicai   hdr_beg(host)   -i photo.yacai.com
   acl blog_yaicai    hdr_dom(host)   -i blog.yaicai.com
   redirect    scheme https   if  !{ ssl_fc }
   acl edu_yaicai    hdr_dom(host)   -i edu.yaicai.com

   use_backend         www_yaicai_com       if  main_yaicai
```

```
        use_backend        photo_yaicai_com        if    photo_yaicai
        use_backend        edu_yaicai_com          if    edu_yaicai

backend www_yaicai_com
    mode http
    balance source
    cookie www_yaicai insert indirect nocache
server app130 172.16.35.130:80 weight 20 cookie www130 check inter 2000 rise 2 fall 3
server app131 172.16.35.131:80 weight 20 cookie www131 check inter 2000 rise 2 fall 3
server app132 172.16.35.132:80 weight 20 cookie www132 check inter 2000 rise 2 fall 3
server app133 172.16.35.133:80 weight 20 cookie www133 check inter 2000 rise 2 fall 3
backend edu_yaicai_com
    mode http
    balance source
    cookie edu_yaicai insert indirect nocache
server app138 172.16.35.138:80 weight 20 cookie edu138 check inter 2000 rise 2 fall 3
server app139 172.16.35.139:80 weight 20 cookie edu139 check inter 2000 rise 2 fall 3
server app140 172.16.35.140:80 weight 20 cookie edu140 check inter 2000 rise 2 fall 3
server app141 172.16.35.141:80 weight 20 cookie edu141 check inter 2000 rise 2 fall 3
backend photo_yaicai_com
    mode http
    balance source
    cookie photo_yaicai insert indirect nocache
server app134 172.16.35.134:80 weight 20 cookie photo134 check inter 2000 rise 2 fall 3
server app135 172.16.35.135:80 weight 20 cookie photo135 check inter 2000 rise 2 fall 3
server app136 172.16.35.136:80 weight 20 cookie photo136 check inter 2000 rise 2 fall 3
server app137 172.16.35.137:80 weight 20 cookie photo137 check inter 2000 rise 2 fall 3

#-----------------------------------------------------------------
#HTTPS proxy
frontend https_proxy
```

```
bind *:443 ssl crt /etc/haproxy/keys/www.yaicai.com.pem crt /etcl/
haproxy/edu.yaicai.com.pem crt /etc/haproxy/keys/blog.yaicai.com.pem
crt /etc/haproxy/keys/wxapp.yaicai.com.pem

acl ssl_www_yaicai      hdr_dom(host)  -i www.yaicai.com
acl ssl_edu_yaicai      hdr_dom(host)  -i edu.yaicai.com
acl ssl_blog_yaicai     hdr_dom(host)  -i blog.yaicai.com
acl ssl_photo_yaicai    hdr_dom(host)  -i photo.yaicai.com
acl wxapp_dir           path_beg       -i /wxapp

use_backend www_yaicai_com   if ssl_www_yaicai  { ssl_fc_sni www.
yaicai.com }
use_backend edu_yaicai_com   if ssl_edu_yaicai  { ssl_fc_sni eud.
yaicai.com }
use_backend blog_yaicai_com  if ssl_yaicai_com  { ssl_fc_sni blog.
yaicai.com }
use_backend photo_yaicai_com if ssl_photo_yaicai { ssl_fc_sni
photo.yaicai.com }
use_backend wxapp_yaicai_com if ssl_www_yaicai wxapp_dir { ssl_fc_
sni wxapp.yaicai.com }

backend photo_yaicai_com
    mode http
    balance source
server app142 172.16.35.142:80 weight 20 cookie photo142 check inter
2000 rise 2 fall 3
server app143 172.16.35.143:80 weight 20 cookie photo143 check inter
2000 rise 2 fall 3
server app144 172.16.35.144:80 weight 20 cookie photo144 check inter
2000 rise 2 fall 3
```

在配置文件中，"ssl_www_uaicai_com wxapp"正则表达式等同于"and"关系。

保存配置文件"http_https.cfg"，检查目录"/etc/haproxy"，清理与项目无关的文件，然后执行"haproxy -f /etc/haproxy -c"指令做语法检查。检查无误后，启动 HAProxy 服务，再通过客户端访问进行验证。

5.4 准备 HAProxy 运行状态检查脚本

在目录"/usr/local/bin"中创建 Shell 脚本"chk_haproxy.sh"，其完整内容如下：

```
#!/bin/bash
STATUS=`ps -C haproxy --no-header |wc -l`

if [ "$STATUS" -eq "0" ]; then
   /usr/local/haproxy/sbin/haproxy -f /etc/haproxy
   STATUS2=`ps -C haproxy --no-header|wc -l`
        if [ "$STATUS2" -eq "0"  ]; then
        kill -9 $(ps -ef | grep keepalived | grep -v grep | awk '{print $2}')
        fi
fi
```

执行指令"chmod +x /usr/local/bin/chk_haproxy.sh",接着手动执行此脚本,验证其正确性和有效性。

5.5 整合 HAProxy 与 Keepalived

到当前为止,我们已经配置好 HAProxy,并准备好 Keepalived 整合 HAProxy 所需要的 Shell 脚本。接下来,就是撰写文本文件"Keepalived.conf",并将脚本文件"/usr/local/bin/chk_proxy.sh"添加到这个配置文件中。

5.5.1 配置 Keepalived

在 HAProxy 与 Shell 脚本的负载均衡器上,命令行编辑器撰写配置文件"keepalived.conf",完整的内容如下:

```
global_defs {
   router_id 210
}

vrrp_script chk_haproxy {
    script "/usr/local/bin/chk_haproxy.sh"
    interval 2
    weight 2
    }

###############################################################
```

```
#         vvrp_instance    define                                        #
################################################################
vrrp_instance VI_HA{
    state   MASTER
    interface eno2
    virtual_router_id 130
    priority 100
    garp_master_delay 1
    authentication {
        auth_type PASS
        auth_pass KJj56hYa
    }

    track_script {
        chk_haproxy
    }
    virtual_ipaddress {
    172.16.35.189
    }
}
```

这个配置文件与 4.3.2 节的基本相同，相信读者不会再有什么障碍。准备好这个配置文件以后，系统命令行执行 "keepalived -f /etc/keepalived/keepalived.conf -t" 做配置的语法检查，执行过程如图 5-18 所示。

```
[root@rocky111 haproxy]# keepalived -f /etc/keepalived/keepalived.conf -t
(/etc/keepalived/keepalived.conf: Line 22) Truncating auth_pass to 8 characters
SECURITY VIOLATION - scripts are being executed but script_security not enabled.
(VI_SERY) Ignoring track_interface ens18 since own interface
[root@rocky111 haproxy]#
```

图 5-18

语法检查的输出有三个提示信息，虽然不影响 Keepalived 服务器的启动，但还是建议尽量将其处理掉。

- 第一个问题：验证密码过长，仅支持 8 位，多余的字符将被截断。那么，请设置成 8 位复杂密码。
- 第二个问题：引入的脚本未启用安全机制。在全局定义部分，增加两条。
- 第三个问题："track_interface" 多余。删掉这个文本块。

修正后的配置文件 "/etc/keepalived/keepalived.conf" 完整内容如下，可以看到更简洁了：

```
global_defs {
    router_id 210
    script_user root
    enable_script_security
}

vrrp_script chk_haproxy {
    script "/usr/local/bin/chk_haproxy.sh"
    interval 2
    weight 2
    }

###################################################################
#       vvrp_instance   define                                    #
###################################################################
vrrp_instance VI_HA {
    state   MASTER
    interface eno2
    virtual_router_id 200
    priority 120
    garp_master_delay 1
    authentication {
        auth_type PASS
        auth_pass KJj56hYa
    }
    track_script {
        chk_haproxy
    }
    virtual_ipaddress {
    172.16.35.189
    }
}
```

再次对 Keepalived 的配置做语法检查，如果正确，将没有任何信息输出。

5.5.2 配置 Keepalived 日志

与其他服务不一样的地方是，Keepalived 的日志启用并不在配置文件"Keepalived.conf"中设定。默认情况下，Keepalived 的日志将记录到系统文件"/var/log/messages"中。为了便于日常维护，特别是排错，将 Keepalived 日志单独记录是个不错的想法。

与 HAProxy 相类似，单独记录 Keepalived 日志也需要 Rsyslog 配置。这里假定日志设施制定为“local4”，那么我们就在文件“/etc/rsyslog.conf”中追加文本行“local4.* /data/logs/keepalived.log”。保存文件，再重启服务 Rsyslog。

负载均衡器命令行执行带几个选项的指令，启动 Keepalived 服务，如图 5-19 所示。

```
[root@rocky111 haproxy]# keepalived -f /etc/keepalived/keepalived.conf -D -S 4
[root@rocky111 haproxy]# ps aux| grep -e haproxy -e keepalived
haproxy     2266  0.0  0.1 242508  6188 ?        Ssl  5月10   0:30 haproxy -f /etc/haproxy
root        3422  0.0  0.0   9124  2180 ?        Ss   22:35   0:00 keepalived -f /etc/keepalived/ke
epalived.conf -D -S 4
root        3423  0.0  0.0   9124  2436 ?        S    22:35   0:00 keepalived -f /etc/keepalived/ke
epalived.conf -D -S 4
root        3485  0.0  0.0   6496  2216 pts/0    R+   22:36   0:00 grep --color=auto -e haproxy -e
keepalived
[root@rocky111 haproxy]#
```

图 5-19

为什么启动文件“keepalived”是加选项“-D -S 4”？答案很简单，执行“keepalived -h”就可一目了然，如图 5-20 所示。

```
[root@rocky111 logs]# /usr/local/keepalived/sbin/keepalived  -h
Usage: /usr/local/keepalived/sbin/keepalived [OPTION...]
  -f, --use-file=FILE          Use the specified configuration file
                                default '/usr/local/etc/keepalived/keepalived.conf'
                                     or '/etc/keepalived/keepalived.conf'
  -P, --vrrp                   Only run with VRRP subsystem
  -C, --check                  Only run with Health-checker subsystem
      --all                    Force all child processes to run, even if have no configuration
  -l, --log-console            Log messages to local console
  -D, --log-detail             Detailed log messages
  -S, --log-facility=([0-7]|local[0-7]|user|daemon)
                               Set syslog facility to LOG_LOCAL[0-7], user or daemon (default)
  -G, --no-syslog              Don't log via syslog
  -u, --umask=MASK             umask for file creation (in numeric form)
  -X, --release-vips           Drop VIP on transition from signal.
  -V, --dont-release-vrrp      Don't remove VRRP VIPs and VROUTEs on daemon stop
  -I, --dont-release-ipvs      Don't remove IPVS topology on daemon stop
  -R, --dont-respawn           Don't respawn child processes
  -n, --dont-fork              Don't fork the daemon process
  -d, --dump-conf              Dump the configuration data
  -p, --pid=FILE               Use specified pidfile for parent process
  -r, --vrrp_pid=FILE          Use specified pidfile for VRRP child process
  -T, --genhash                Enter into genhash utility mode (this should be the first option use
d).
  -c, --checkers_pid=FILE      Use specified pidfile for checkers child process
  -a, --address-monitoring     Report all address additions/deletions notified via netlink
  -s, --namespace=NAME         Run in network namespace NAME (overrides config)
  -m, --core-dump              Produce core dump if terminate abnormally
  -M, --core-dump-pattern=PATN Also set /proc/sys/kernel/core_pattern to PATN (default 'core')
  -e, --all-config             Error if any configuration file missing (same as includet)
  -i, --config-id id           Skip any configuration lines beginning '@' that don't match id
                                or any lines beginning @^ that do match.
                                The config-id defaults to the node name if option not used
      --signum=SIGFUNC         Return signal number for STOP, RELOAD, DATA, STATS, STATS_CLEAR
  -t, --config-test[=LOG_FILE] Check the configuration for obvious errors, output to
                                stderr by default
```

图 5-20

选项“-S”后边跟的数字“4”代表“local4”，相应地，在“/etc/rsyslog.conf”

中添加的设施也应该与之对应。

5.6 验收交付

主负载均衡上的 HAProxy 服务、Keepalived 服务，负载均衡负载分发、健康检查功能，HAProxy 日志、Keepalived 日志单独记录，这些全都正常以后，将 Keepalived 配置文件、HAProxy 主配置文件及子配置文件、Keepalived 所关联的启动脚本 "chk_haproxy.sh"、日志服务配置文件 "/etc/rsyslog.conf" 等文件同步到已经安装好基础环境的辅助负载均衡器上。

主、辅负载均衡器的差异仅仅是配置文件 "keepalived.conf"，修改完成后的辅助负载均衡器的配置文件为 "/etc/keepalived/keepaalived.conf"，内容如下：

```
global_defs {
router_id 211
    script_user root
    enable_script_security
}

vrrp_script chk_haproxy {
    script "/usr/local/bin/chk_haproxy.sh"
    interval 2
    weight 2
    }

################################################################
#       vvrp_instance   define                                 #
################################################################
vrrp_instance VI_HA {
    state   BACKUP
    interface eno2
    virtual_router_id 200
    priority 100
    garp_master_delay 1
    authentication {
        auth_type PASS
        auth_pass KJj56hYa
    }

    track_script {
```

```
        chk_haproxy
    }
    virtual_ipaddress {
    172.16.35.189
    }
}
```

重启负载均衡器日志服务 Rsyslog，启动 Keepalived 服务。然后验证高可用负载均衡集群的所有功能：负载分发、健康检查及失败切换，具体的验证方法请参看本书前面的章节，这里不再赘述。

功能验证合理之后，将日志服务设置为随系统开机启动，Keepalived 随系统开机启动。HAProxy 不要设置成随系统开机启动，切记！

最后将相关配置或脚本备份，加上监控，就可以正式交付使用。

第 6 章 特殊高可用负载均衡集群 RHCS

RHCS（Red Hat High Availability Cluster Service）以前的名字是 PCS（Pacemaker Corosync Service），由 ClusterLabs 出品，其官方网站为 https://clusterlabs.org/。后来，PCS 成为知名操作系统厂商 Red Hat 高可用集群（RHCS）的重要组成部分。因此，以 Ret Hat 或 CentOS 作为操作系统，在其上部署和运行 RHCS 应当是首选项。

RHCS 勉强算得上高可用负载均衡，因为它以服务为基本单位，将不同的服务分别部署到不同的设施上，共同组成一个逻辑整体。例如，一个项目由 Web 应用与数据库组成，在 RHCS 集群体系中，正常情况下，Web 被分配到 A 设施（物理服务器），而数据库则被分配到 B 设施，这属于负载分担。一旦任意设施出现故障并无法自动恢复，所有的应用将自动在剩余的正常设施上运行，这算是负载均衡的健康检查与失败切换。

与本书前面章节所介绍的负载均衡相比较，RHCS 存在几个明显的差异，见表 6-1。

表 6-1

	RHCS	Keepalived + Nginx/HAProxy 等
层次结构	不分前后端	分前后端
存储类型	需要共享式支持	不需要共享存储支持
服务分布	不同节点运行不同的服务	所有后端节点运行相同的服务
应用场景	传统行业	互联网行业

本章主要介绍 RHCS 的基本组成、部署，并以最常见的应用场景 Tomcat 与 Oracle 为实例，在 RHCS 系统架构中实现应用层面的负载均衡和高可用。

6.1 RHCS 基本组成

RHCS 由硬件、软件和操作系统组成，接下来逐一进行介绍。

6.1.1 RHCS 硬件组成

笔者实施过的项目，不论是金融行业的，还是其他偏传统行业的，RHCS 集群都包括两台高配物理服务器、一套高可用虚拟化存储（一对）、至少一对光纤交换机、至少一对网络交换机（如图 6-1 所示）。其实最关键的部分是高可用虚拟化存储和可堆叠的高可用网络，服务器本身似乎成了配角。

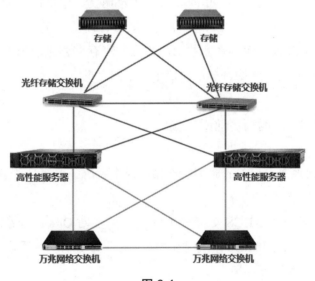

图 6-1

在保证存储及网络高可用的情况下，将 RHCS 部署于超融合虚拟化环境，比如 Proxmox VE 或者商业解决方案 VMware，可靠性与可维护性可提升一个等级。

6.1.2 RHCS 软件组成

RHCS 高可用负载均衡集群主要由 PCS、Pacemaker、Corosync 及 Fence 代理等几

个部分组成，如图 6-2 所示（图片来自 clusterlabs.org）。由于 RHCS 绝大部分的操作都是在 PCS Web 管理后台进行，因此，后文里出现的 PCS 一词基本等同于 RHCS。

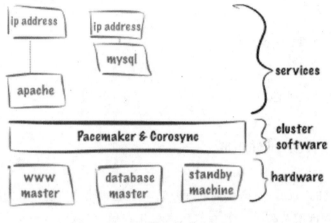

图 6-2

从图 6-2 可知，起核心作用的是 Corosync 与 Pacemaker，被称为资源的服务，如 Apache、MySQL 和虚拟 IP 等，由 PCS 来管控及调度。本章以行业最常用的 Tomcat 与 Oracle 作为资源，部署在 RHCS 环境。期望的目标是，集群正常工作时，Tomcat 运行在主机 A，而 Oracle 运行在主机 B，并且共享存储由主机 B 挂载。如果任一主机出现故障，则所有资源集中到剩余的那个正常的主机。

6.1.3 RHCS 运行的操作系统

RHCS 既然已经是 Red Hat 旗下的产品，那么考虑到兼容性、易于部署性，选择 RHEL 或者 CentOS 是个好方案。

最新版的 Debian 对 RHCS 支持得不错，但可能对 Oracle 等常规服务支持不是那么完美，特别是部署 Oracle 程序的时候，除非是 Linux 老手，否则不建议使用 Debian 作为 RHCS 的运行环境。

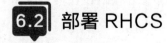 部署 RHCS

受条件所限，RHCS 的部署与真实的项目存在差异，比如用 iSCSI 来代替高可用虚拟化存储、共享存储多路径、用虚拟机代替高性能服务器等。缺失的部分可能包括存储设备高可用配置与交换机堆叠建立主备关系，实际实施可要求厂商帮忙配置或者参照相关产品的技术文档自行处理。

部署 RHCS 大致可以分为：准备环境、共享存储、安装软件三个部分。

6.2.1 为部署 RHCS 准备环境

需要提前做的准备工作包括：做规划、准备主机、准备所需的软件等，见表 6-2。

表 6-2

名称	说明
规划	存储空间（Oracle 安装分区）、VIP
主机	两台安装 CentOS 7.9 系统的主机
软件	Tomcat、Oracle、PCS 及 fence-agnt-all

6.2.2 发布共享存储 iSCSI

有多种方式发布 iSCSI 服务，比如直接在操作系统上或用集成工具 Openfiler 等，这里选择 TrueNAS（以前的名字是 FreeNAS）。官网 https://www.truenas.com/ 提供多个版本供用户选择（如图 6-3 所示），"TrueNAS CORE" 就可以满足大部分应用需求。如果用浏览器不能直接访问 TrueNAS 的官方网站，可访问地址 https://download.freenas.org/13.0/STABLE/U4/x64/TrueNAS-13.0-U4.iso 获取最新的 TrueNAS ISO 镜像文件。

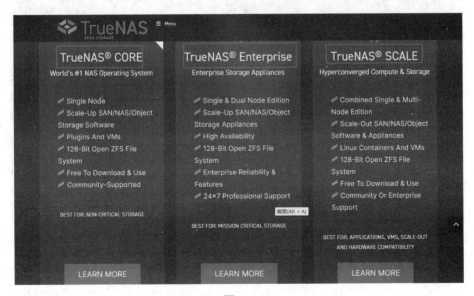

图 6-3

将下载的 TrueNAS ISO 镜像文件刻录成可引导 U 盘或光盘，或者直接上传到虚拟化管理平台作为引导盘，按提示进行系统安装（如图 6-4 所示）。TrueNAS 虽然基于 FreeDSB 操作系统，但安装非常容易，按提示就能轻松完成。

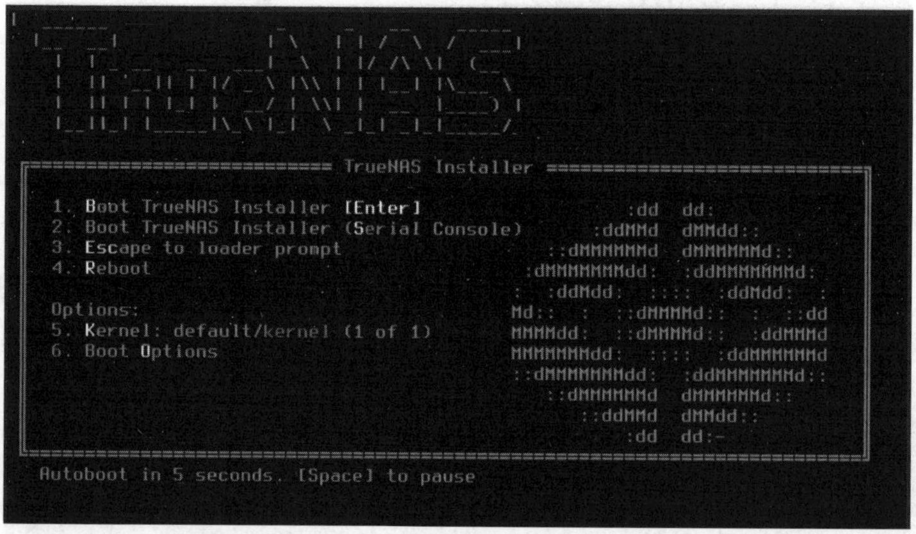

图 6-4

如果安装过程没有设置网络，重启系统后，控制台菜单输入数字"1"进行设置或者修改，如图 6-5 所示。

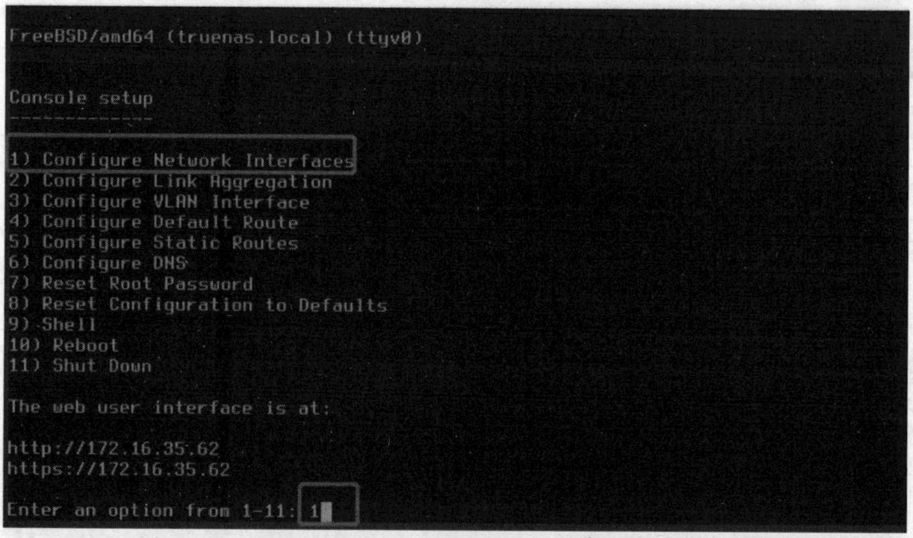

图 6-5

浏览器远程访问设置好的 TrueNAS IP 地址，输入账号"root"及安装系统过程中设定的密码。一切无误的话，进入管理后台，将其设置成中文界面，如图 6-6 所示。

图 6-6

接下来，将在 TrueNAS Web 管理后台一步步配置并发布 iSCSI 共享服务。

第一步：查看分配的空闲磁盘是否存在。预先规划好 80GB 的磁盘空间用于 iSCSI 共享，如图 6-7 所示。

图 6-7

第二步：创建存储池。单击左侧连接菜单"池"，输入名称"iscsi_data"，如图 6-8 所示。

图 6-8

下拉浏览器页面滚动条,选择磁盘"da1",并进行池的创建,如图 6-9 所示。注意:必须勾选"强制"复选框才可以进行创建操作。

图 6-9

第三步:在存储"池"上创建"卷(Vol)"。单击"池:iscsi_data"右侧三个点,弹出下拉菜单,再单击"添加 Zvol",如图 6-10 所示。

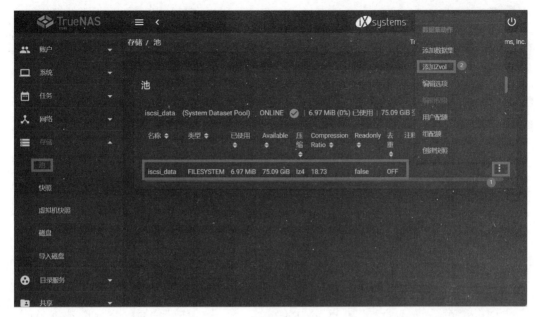

图 6-10

编辑界面填写名称及分配空间大小，然后单击"提交"按钮，如图 6-11 所示。

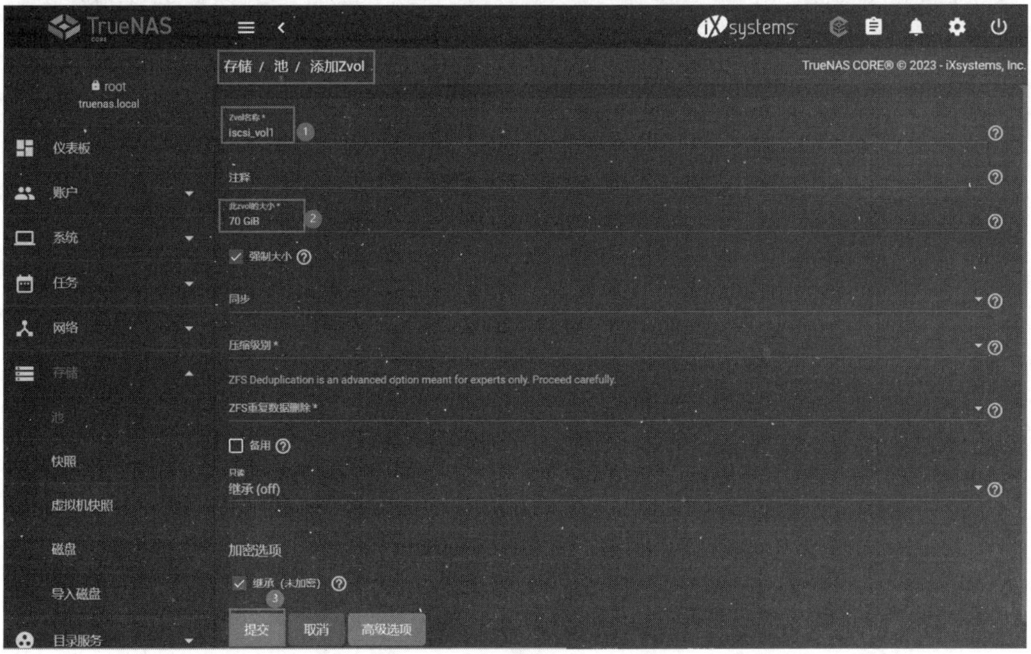

图 6-11

如果没有错误，创建好的存储卷如图 6-12 所示。

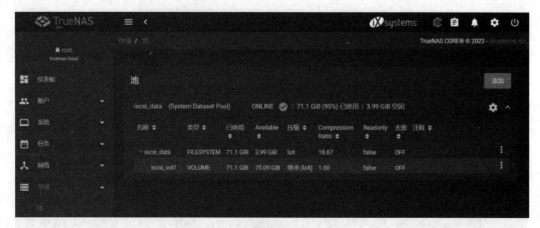

图 6-12

第四步：创建 iSCSI。这个操作分好几个步骤，我们按顶部菜单项的顺序来进行操作。

（1）单击"共享"→"块共享（iSCSI）"，修改目标"全局配置"的基本名称，然后单击"保存"按钮，如图 6-13 所示。

图 6-13

保存过程会提示是否随开机启动 iSCSI 服务，可选也可以不选，这里暂时不选。

（2）单击顶部第二个菜单"Portals"，再单击右侧"添加"按钮，填写本机 IP 地址，单击"提交"按钮，如图 6-14 所示。

图 6-14

（3）单击顶部菜单"Initiators Groups"，再单击右侧"添加"按钮。弹出编辑界面后，勾选"允许所有启动器"复选框，再单击底部"保存"按钮，如图 6-15 所示。

图 6-15

（4）单击顶部菜单"目标"（跳过菜单"Authorized Access"），再继续单击右侧"添加"按钮，编辑界面输入目标名字"iscsi-data"，并从下拉列表框对 iSCSI 组的项进行选定，如图 6-16 所示。然后单击"提交"按钮。

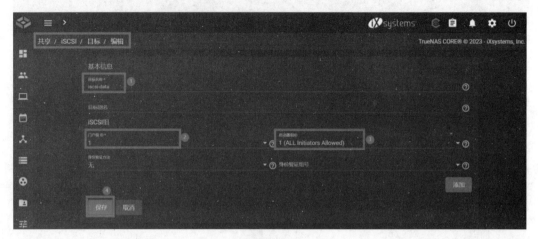

图 6-16

（5）单击顶部菜单"Extents"，再继续单击右侧"添加"按钮。编辑界面填写名称"extent0"，勾选"已启用"复选框，在下拉列表中选定"iscsi-data/isci_vol1"，然后单击"提交"按钮，如图 6-17 所示。

图 6-17

（6）单击页面顶部最后一个菜单"Associated Targets"，再继续单击"添加"按钮，编辑界面下拉列表，选"目标"值与"区块"值，然后单击"提交"按钮，如图 6-18 所示。

图 6-18

（7）单击右侧"服务"菜单，找到"iSCSI"，选中小圆点，向右方拉，启动 iSCSI 服务；再勾选"自动启动"列，使 iSCSI 随系统开机自动启动，如图 6-19 所示。

图 6-19

第五步：验证 iSCSI 共享。在远端任意一台 Linux 服务器系统执行 iSCSI 扫描，如果能够发现 iSCSI 的共享信息，则可初步判定 iSCSI 的配置是正确的，操作命令及正确输出如图 6-20 所示。

```
[root@centos18 ~]# iscsiadm -m discovery -t sendtargets -p 172.16.35.59
172.16.35.59:3260,1 iqn.2005-10.org.formyz.com:iscsi-data
[root@centos18 ~]#
```

图 6-20

6.2.3 安装 RHCS 相关的软件

在准备好操作系统 CentOS 7 的两台服务器（或者虚拟机）命令行下，用 Yum 工具对软件进行安装，完整的指令如下：

```
[root@centos18 ~]# yum install pcs fence-agents-all
```

从输出可以了解到，PCS 包含许多依赖，其中有 Corosync、Pacemaker 等（如图 6-21 所示），比用源码进行安装省事太多。

```
Installing:
 pcs                                    x86_64    0.9.169-3.el7.centos.3      updates     4.2 M
Installing for dependencies:
 cifs-utils                             x86_64    6.2-10.el7                  base         85 k
 clufter-bin                            x86_64    0.77.1-1.el7                base         25 k
 clufter-common                         noarch    0.77.1-1.el7                base         72 k
 corosync                               x86_64    2.4.5-7.el7_9.2             updates     222 k
 corosynclib                            x86_64    2.4.5-7.el7_9.2             updates     137 k
 cups-libs                              x86_64    1:1.6.3-51.el7              base        359 k
 fontpackages-filesystem                noarch    1.44-8.el7                  base        9.9 k
 gssproxy                               x86_64    0.7.0-30.el7_9              updates     111 k
 keyutils                               x86_64    1.5.8-3.el7                 base         54 k
 libbasicobjects                        x86_64    0.1.1-32.el7                base         26 k
 libcgroup                              x86_64    0.41-21.el7                 base         66 k
 libcollection                          x86_64    0.7.0-32.el7                base         42 k
 liberation-fonts-common                noarch    1:1.07.2-16.el7             base         27 k
 liberation-sans-fonts                  noarch    1:1.07.2-16.el7             base        279 k
 libevent                               x86_64    2.0.21-4.el7                base        214 k
 libini_config                          x86_64    1.3.1-32.el7                base         64 k
 libldb                                 x86_64    1.5.4-2.el7                 updates     149 k
 libnfsidmap                            x86_64    0.25-19.el7                 base         50 k
 libpath_utils                          x86_64    0.2.1-32.el7                base         28 k
 libqb                                  x86_64    1.0.1-9.el7                 base         96 k
 libref_array                           x86_64    0.1.5-32.el7                base         27 k
 libtalloc                              x86_64    2.1.16-1.el7                base         33 k
 libtdb                                 x86_64    1.3.18-1.el7                base         49 k
 libtevent                              x86_64    0.9.39-1.el7                base         41 k
 libtirpc                               x86_64    0.2.4-0.16.el7              base         89 k
 libverto-libevent                      x86_64    0.2.5-4.el7                 base        8.9 k
 libwbclient                            x86_64    4.10.16-24.el7_9            updates     117 k
 libxslt                                x86_64    1.1.28-6.el7                base        242 k
 libyaml                                x86_64    0.1.4-11.el7_0              base         55 k
 net-snmp-libs                          x86_64    1:5.7.2-49.el7_9.2          updates     752 k
 net-tools                              x86_64    2.0-0.25.20131004git.el7    base        306 k
 nfs-utils                              x86_64    1:1.3.0-0.68.el7.2          updates     413 k
 overpass-fonts                         noarch    2.1-1.el7                   base        700 k
 pacemaker                              x86_64    1.1.23-1.el7_9.1            updates     481 k
 pacemaker-cli                          x86_64    1.1.23-1.el7_9.1            updates     365 k
 pacemaker-cluster-libs                 x86_64    1.1.23-1.el7_9.1            updates     164 k
 pacemaker-libs                         x86_64    1.1.23-1.el7_9.1            updates     641 k
 perl-TimeDate                          noarch    1:2.30-2.el7                base         52 k
 psmisc                                 x86_64    22.20-17.el7                base        141 k
 python-backports                       x86_64    1.0-8.el7                   base        5.8 k
 python-backports-ssl_match_hostname    noarch    3.5.0.1-1.el7               base         13 k
 python-clufter                         noarch    0.77.1-1.el7                base        323 k
 python-ipaddress                       noarch    1.0.16-2.el7                base         34 k
 python-lxml                            x86_64    3.2.1-4.el7                 base        758 k
 python-setuptools                      noarch    0.9.8-7.el7                 base        397 k
 python2-subprocess32                   x86_64    3.2.6-14.el7                base         47 k
 quota                                  x86_64    1:4.01-19.el7               base        179 k
 quota-nls                              noarch    1:4.01-19.el7               base         90 k
 resource-agents                        x86_64    4.1.1-61.el7_9.18           updates     481 k
 rpcbind                                x86_64    0.2.0-49.el7                base         60 k
 ruby                                   x86_64    2.0.0.648-39.el7_9          updates      73 k
 ruby-irb                               noarch    2.0.0.648-39.el7_9          updates      94 k
 ruby-libs                              x86_64    2.0.0.648-39.el7_9          updates     2.8 M
```

图 6-21

RHCS 通常情况下是处于被保护的内部网络，为了减少干扰因素，将 CentOS 系统的防火墙关闭，“Selinux”设置成“disabled”。

6.3 主机挂接共享存储 iSCSI

主机挂接共享存储 iSCSI 分两步：发现共享和挂接共享。这个操作，在集群中的两个主机都要进行，具体的指令如下：

```
# 发现 iSCSI 共享
iscsiadm -m discovery -t sendtargets -p 172.16.35.59
# 根据输出信息进行共享挂接
iscsiadm -m  node -T iqn.2005-10.org.formyz.com:iscsi-data -p
172.16.35.59:3260 -l
```

如果挂接成功，屏幕输出有“successful”的提示，如图 6-22 所示。

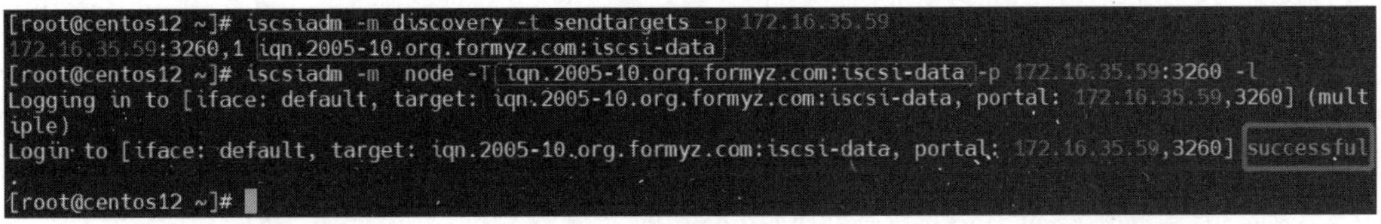
```
[root@centos12 ~]# iscsiadm -m discovery -t sendtargets -p 172.16.35.59
172.16.35.59:3260,1 iqn.2005-10.org.formyz.com:iscsi-data
[root@centos12 ~]# iscsiadm -m node -T iqn.2005-10.org.formyz.com:iscsi-data -p 172.16.35.59:3260 -l
Logging in to [iface: default, target: iqn.2005-10.org.formyz.com:iscsi-data, portal: 172.16.35.59,3260] (multiple)
Login to [iface: default, target: iqn.2005-10.org.formyz.com:iscsi-data, portal: 172.16.35.59,3260] successful
.
[root@centos12 ~]#
```

图 6-22

所有主机挂载完毕，用指令“lsblk”验证是否被正确挂载，如果没异常，将出现一个新的磁盘设备，如图 6-23 所示。

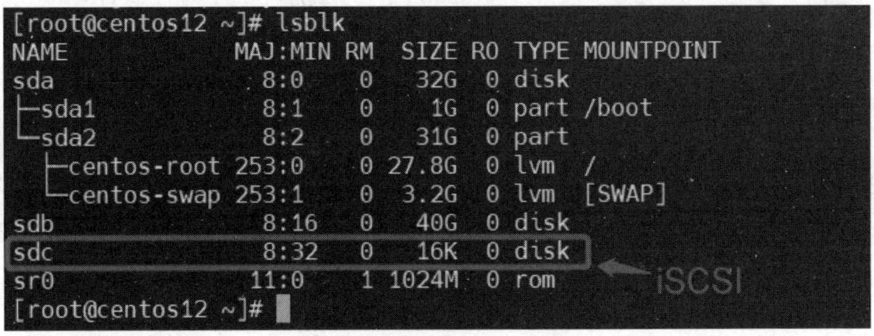
```
[root@centos12 ~]# lsblk
NAME            MAJ:MIN RM   SIZE RO TYPE MOUNTPOINT
sda               8:0    0    32G  0 disk
├─sda1            8:1    0     1G  0 part /boot
└─sda2            8:2    0    31G  0 part
  ├─centos-root 253:0    0  27.8G  0 lvm  /
  └─centos-swap 253:1    0   3.2G  0 lvm  [SWAP]
sdb               8:16   0    40G  0 disk
sdc               8:32   0    16K  0 disk
sr0              11:0    1  1024M  0 rom
[root@centos12 ~]#
```


图 6-23

6.4 初始化 iSCSI 共享存储

初始化操作大概分两部分：创建物理卷和创建逻辑卷。需要注意的是，创建物理卷与逻辑卷是在任意一台主机上进行操作的。

1. 创建物理卷及物理卷组

系统命令行下，先创建物理卷，然后在此基础上创建逻辑卷组，具体的命令如下：

```
pvcreate /dev/sdc
vgcreate vgdb /dev/sdc
```

如果一切正常，命令执行的输出如图 6-24 所示。

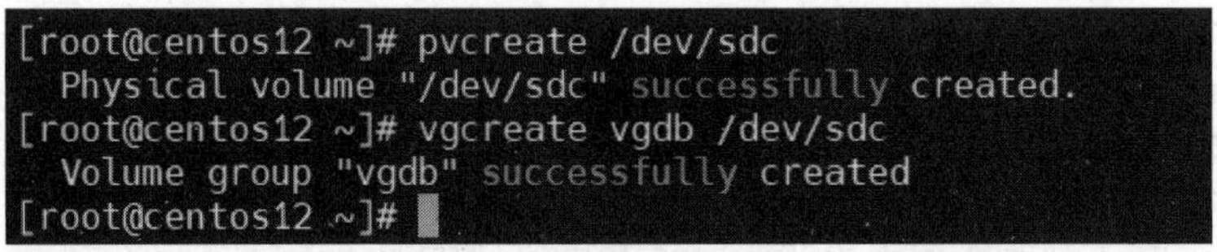

图 6-24

2. 创建逻辑卷

登录任意一台 CentOS 7 主机系统，在已经创建好的逻辑卷组 "vgdb" 上创建逻辑卷 "dblv"，接着在此逻辑卷上创建文件系统并挂接此文件系统，具体的指令如下：

```
lvcreate -n dblv -l 100%VG vgdb
mkfs.xfs /dev/mapper/vgdb-dblv
mount /dev/mapper/vgdb-dblv  /oradata
```

登录另外一台主机，执行指令 "lvscan"，与当前主机执行 "lvscan" 输出相比较，逻辑卷的状态存在差异，如图 6-25 所示。

图 6-25

6.5 安装 Tomcat 与 Oracle

因为操作系统使用的是 CentOS 7.9，为了与系统适配，Tomcat 与 Oracle 没有选用最新的稳定版，但这并不会让读者将来实施新版本安装产生障碍，因为过程上几乎没有什么差异。

6.5.1 安装 Tomcat

Tomcat 依赖 JDK（Java Development Kit），笔者准备安装的 Tomcat 版本为 "8.5"，那么与之相对应的 JDK 版本就选 "JDK7u80"。安装这两个软件，没有特定的顺序，按照习惯，首先安装 JDK，其次修改环境变量，最后安装 Tomcat 并运行。

1. 安装 JDK7u80（jdk1.7）

因为 Tomcat 8 启动需要 jre 支持，而高版本的 JDK 安装完却没有 JRE，因此为了减少安装障碍，这里选择 "jdk_7u80" 版本（如图 6-26 所示）。"jdk_7u80" 版本包含在 JAVA SE 7 归档文件里（https://www.oracle.com/cn/java/technologies/javase/javase7-archive-downloads.html），需要用账号登录 Oracle，才能够下载。

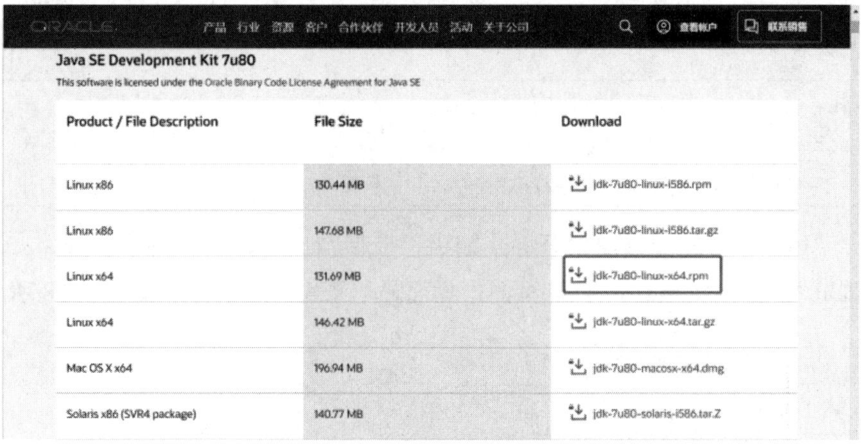

图 6-26

在 CentOS 7 上安装下载好的 "jdk-7u80-linux-x64.rpm"，没有其他的依赖关系，安装起来不会存在任何障碍和疑虑，直接执行 "rpm -ivh jdk-7u80-linux-x64.rpm"，片刻就能正确地将其安装到系统上。

"jdk-7u80-linux-x64.rpm" 安装过程没有任何提示，接下来需要在全局环境变量文件 "/etc/profile" 中设置 "JAVA_HOME" 与 "JRE_HOME"，怎样知道这个工具安装的路径呢（注意：JDK 版本不同，安装路径也不同）？笔者用的方法是通过指令"find"搜索关键字"java"或"jdk"（如图 6-27 所示），根据输出基本可确定 JDK 的安装路径。

```
[root@centos12 ~]# find / -name "java" -o -name "jdk"
/etc/pki/ca-trust/extracted/java
/etc/pki/java
/usr/bin/java
/usr/java
/usr/java/jdk1.7.0_80/bin/java
/usr/java/jdk1.7.0_80/jre/bin/java
[root@centos12 ~]#
```

图 6-27

掌握"jdk_7u80"安装路径以后，编辑系统文件"/etc/profile"，行尾追加文本如下：

```
export JAVA_HOME=/usr/java/jdk1.7.0_80
export JRE_HOME=$JAVA_HOME/jre
export PATH=$PATH:$JAVA_HOME/bin:$JRE_HOME/bin
```

保存后，执行指令"source /etc/profile"使其立即生效。接着执行指令"java -version"验证安装和环境变量设置的正确性。

2. 安装 Tomcat 8 并验证

从 Apache 官方网站取得"apache-tomcat-8.5.89.tar.gz"，以"tar zxvf"解压缩包，将解压缩后的目录移动到目录"/usr/local"中，并重命名目录为"tomcat"，启动 tomcat 并验证其正确性。完整的指令如下：

```
tar zxvf apache-tomcat-8.5.89.tar.gz
mv apache-tomcat-8.5.89   /usr/local/tomcat
/usr/local/tomcat/bin/catalina.sh start
```

执行"tomcat"启动时，会有屏幕输出，根据输出判断安装的正确性。更直观一点，用浏览器访问"tomcat"默认页面，页面显示正常即为合格，如图 6-28 所示。

图 6-28

为便于 Pcsd 调用 Tomcat 启停，需要将 Tomcat 封装成系统服务，能用 "systemctl" 来管理服务的启动、停止、重启和查看运行状态。用文本编辑器（不要用 Word、记事本一类的）撰写文件 "tomcat.service"，完整的内容如下：

```
[Unit]
Description=Apache Tomcat Web Application Container
After=syslog.target network.target remote-fs.target nss-lookup.target

[Service]
Type=forking
Environment='JAVA_HOME=/usr/java/jdk1.7.0_80'
Environment='CATALINA_PID=/usr/local/tomcat/tomcat.pid'
Environment='CATALINA_HOME=/usr/local/tomcat/'
Environment='CATALINA_BASE=/usr/local/tomcat/'
Environment='CATALINA_OPTS=-Xms512M -Xmx1024M -server -XX:+UseParallelGC'

ExecStart=/usr/local/tomcat/bin/startup.sh
ExecReload=/bin/kill -s HUP $MAINPID
ExecStop=/usr/local/tomcat/bin/shutdown.sh

User=tomcat
Group=tomcat
PrivateTmp=true

[Install]
WantedBy=multi-user.target
```

将文件 "tomcat.service" 移动或复制到目录 "/usr/lib/systemd/system" 中，执行如下命令检查 "tomcat" 服务的正确性。

```
systemctl daemon-reload
systemctl status tomcat
systemctl start tomcat
systemctl stop tomcat
```

注意：这里不要执行 "systemctl enable tomcat"！另外，因为仅仅是演示场景，并没有对 Tomcat 配置做进一步的处理。

将另一个主机也安装上 JDK 及 Tomcat，并使 Tomcat 服务处于停止状态。

6.5.2 安装 Oracle 数据库软件（不创建数据库）

为什么这里仅仅只安装 Oracle 数据库软件呢？是因为数据库文件需要存储在 iSCSI 共享存储，并且同一时间，只能有一个主机以独占的方式挂接 iSCSI 上创建好的逻辑卷。因此将数据库的创建工作放到后边处理。

1. 获取数据库 Oracle 19

与之前的 Oracle 下载版本略有差异，Oracle 19C 的下载包名称带"db_home"字样，而 Oracle 12C 基于 Linux 的下载包名称为"linuxx64_12201_database.zip"，这个名称上的差异，也体现在 Oracle 19C 安装过程中与以前的版本稍有不同。下载软件包"linuxx64_12201_database.zip"到两个主机，暂时不要用 unzip 解包。

2. 准备 Oracle 19C 安装环境

这些操作包括：创建安装、运行 Oracle 所需的账号，修改系统内核参数，创建安装 Oracle 所需的目录，等等。一步步执行效率比较低下，于是将这些操作步骤写成 Shell 脚本，经无数次验证，用于测试甚至用在生产环境中不存在任何问题（操作系统为 CentOS 7 或者 RHEL 7），脚本的完整内容如下：

```
[root@centos12 ~]# more preinstall.sh
#!/bin/bash
#writen by sery(wx:formyz),2019-7-18

#install dependency package
yum install -y \
bc \
binutils \
compat-libcap1 \
compat-libstdc++-33 \
elfutils-libelf \
elfutils-libelf-devel \
fontconfig-devel \
glibc \
glibc-devel \
kmod \
kmod-libs \
gcc-c++ \
ksh \
libaio \
libaio-devel \
libX11 \
libXau \
```

```
    libXi \
    libXtst \
    libXrender \
    libXrender-devel \
    libgcc \
    librdmacm-devel \
    libstdc++ \
    libstdc++-devel \
    libxcb \
    make \
    net-tools \
    nfs-utils \
    python \
    python-configshell \
    python-rtslib \
    python-six \
    targetcli \
    smartmontools \
    sysstat \
    tigervnc-server

    #install xwindow
    yum groupinstall -y "X Window System"
    yum groupinstall -y "GNOME Desktop" "Graphical Administration Tools"

    #modify system parameter
    cat << EOF > /etc/sysctl.d/98-oracle-kernel.conf
    vm.swappiness = 1
    vm.dirty_background_ratio = 3
    vm.dirty_ratio = 80
    vm.dirty_expire_centisecs = 500
    vm.dirty_writeback_centisecs = 100
    kernel.sem = 250 32000 100 128
    fs.aio-max-nr = 1048576
    fs.file-max = 6815744
    net.ipv4.ip_local_port_range = 9000 65500
    net.core.rmem_default = 262144
    net.core.rmem_max = 4194304
    net.core.wmem_default = 262144
    net.core.wmem_max = 1048576
    kernel.msgmnb = 65536
    kernel.msgmax = 65536
    kernel.shmmax = 8589934590
```

```
kernel.shmall = 2147483648
kernel.shmmni = 4096
EOF
sysctl -p /etc/sysctl.d/98-oracle-kernel.conf

cat << EOF > /etc/security/limits.d/99-oracle-limits.conf
oracle soft nproc 2047

oracle hard nproc 16384
oracle soft nofile 1024
oracle hard nofile 65536
oracle soft stack 10240
oracle hard stack 32768
EOF

#create groups and user
groupadd -g 1000 oinstall
groupadd -g 1001 dba
useradd -g oinstall -G dba oracle
echo "sery888"|passwd --stdin oracle

#create directory
mkdir -p /u01/app/oracle/product/19.3/db_01
chown -R oracle.oinstall /u01
chmod -R 755 /u01
```

命令行输入"chmod +x preinstall.sh"给予脚本执行权限，然后运行脚本"preinstall.sh"。脚本执行完毕，检查目录"/u01/app/oracle/product/19.3/db_1"是否存在，如果存在，则执行命令"unzip LINUX.X64_193000_db_home.zip -d /u01/app/oracle/product/19.3/db_01/"，将压缩包解压到该目录，然后再用"chown -R oracle:oinstall"设置属主（owner）及属组（group）。

3. 以图形方式（VNC）远程连接主机系统

VNC（Virtual Network Console）包括服务器端与客户端。服务器端在 Oracle 的准备脚本"preinstall.sh"运行后已经安装到系统，客户端"VNC-Viewer-6.22.826-Windows"需要单独下载到 Windows 工作主机，并进行安装（如图 6-29 所示）。

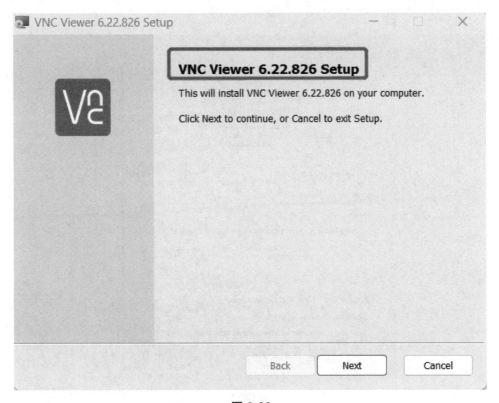

图 6-29

服务器端执行命令"vncserver",交互设置当前用户密码,记录主机名后附属的数字(如图 6-30 所示),Windows 客户端连接时需要填写这个数字。

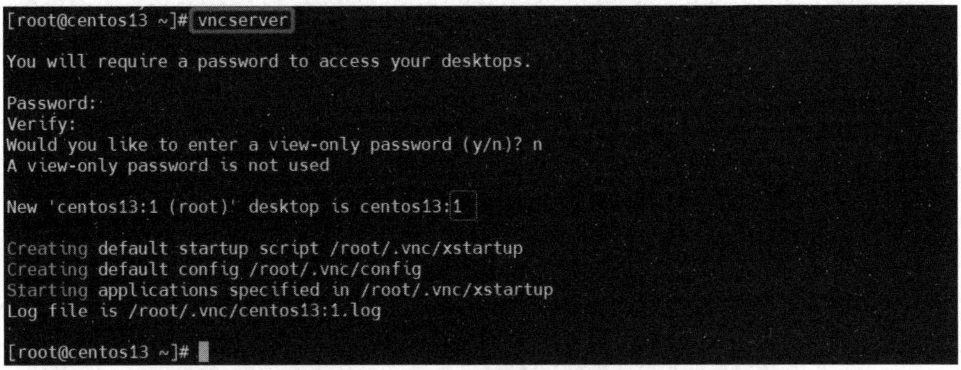

图 6-30

客户端填写 VNC 服务器端的地址及运行时记录的数字,输入预先设置的 VNC 密码进行远程连接,如图 6-31 所示。

图 6-31

如果一切正常,将进入 CentOS 7 的桌面环境(如图 6-32 所示)。尽管安装 Oracle 19C 可在文本模式下静默安装,但以图形方式安装更直观也更容易掌握整个过程所经历的步骤,所以推荐以图形方式安装 Oracle。

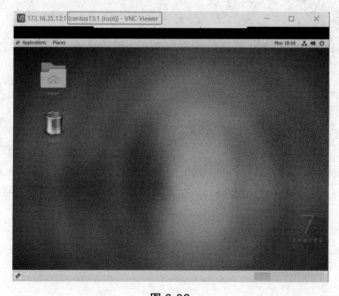

图 6-32

4. 图形方式下安装 Oracle 19C

在图形界面右击，调出终端，在终端里执行指令"xhost +"，依照此方法再调出一个终端，切换到 oracle 这个账号，以 oracle 账号执行指令"export DISPLAY=：1"（如图 6-33 所示），这个数字"1"来自"vncserver"启动时的输出。

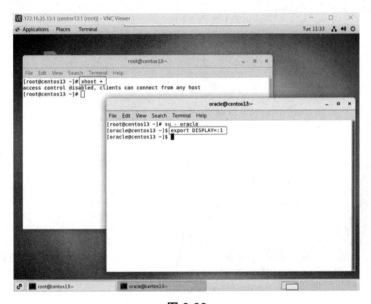

图 6-33

以普通账户"oracle"进入目录"/u01/app/oracle/product/19.3/db_01"，执行指令"./ runInstaller"进行 Oracle 19C 安装，如图 6-34 所示。

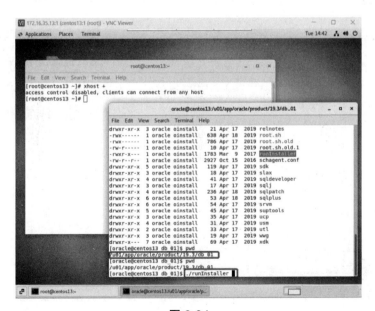

图 6-34

命令一旦执行，且前边的"export DISPLAY"设置正确的话，一定会弹出 Oracle 的图形安装界面，选择"Set Up Software Only（只安装软件）"，如图 6-35 所示。

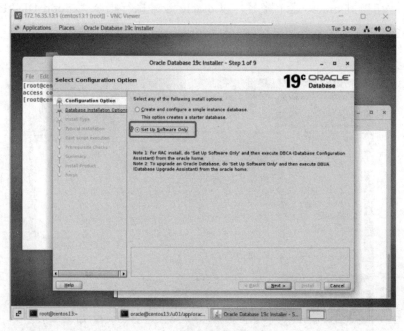

图 6-35

单击"Next"按钮进行下一步，在第二步的图形界面勾选"Single instance database installation（单实例数据库安装）"单选按钮，继续单击"Next"按钮进行下一步，如图 6-36 所示。

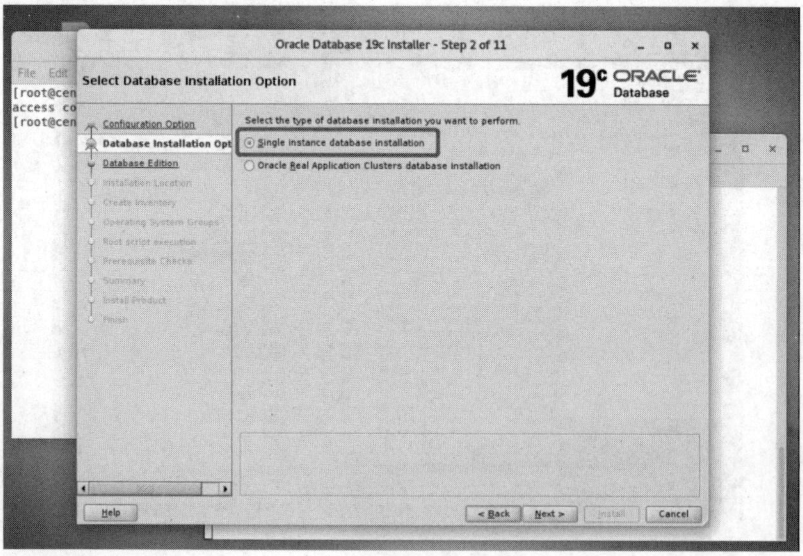

图 6-36

勾选"Enterprise Edition（企业版本）"单选按钮，并继续单击"Next"按钮进行下一步，如图 6-37 所示。

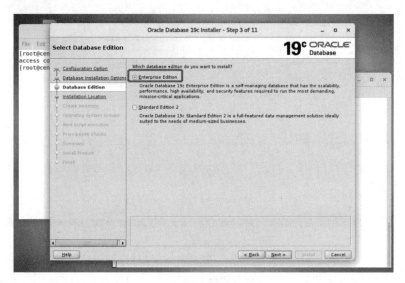

图 6-37

使用默认值"/u01/app/oracle"，单击"Next"按钮进行下一步，如图 6-38 所示。

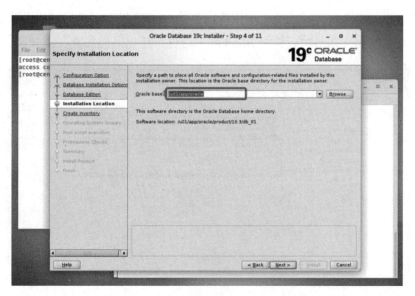

图 6-38

继续使用默认值"/u01/app/oraInventory"，本来没有这个目录存在，当单击"Next"按钮以后，就会自动生成该目录。

有一个可选项"Database Operator（OSOPER）group"，因为是选项，可选可不选，非要选的话，就选"dba"吧，然后单击"Next"按钮进行下一步，如图 6-39 所示。

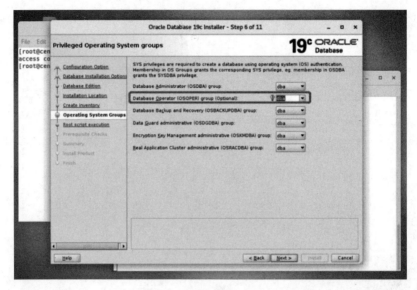

图 6-39

勾选"Automatically run configuration scripts（自动运行配置脚本）"复选框，接着勾选"Use'root'user credential（用 root 账号鉴权）"单选按钮，输入 CentOS 系统管理员"root"账号设定的密码（如图 6-40 所示）。这一步是以前版本所没有的，是一个改进措施。这样做的好处是，不用像以前的 Oracle 版本，执行过程中，需要单独切换到终端，以 root 账号执行两个 Shell 脚本。这个简化，能提高一点效率。

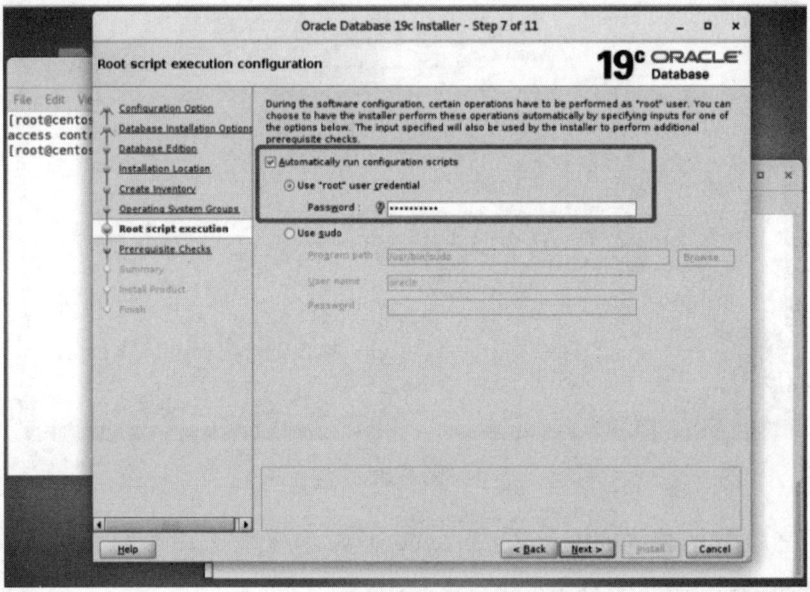

图 6-40

执行安装环境检查。得益于 Shell 脚本"preinstall.sh"，所有设定及配置符合要求，粗略检查一下汇总信息（Summary）后，单击"Install"按钮进行下一步，如图 6-41 所示。

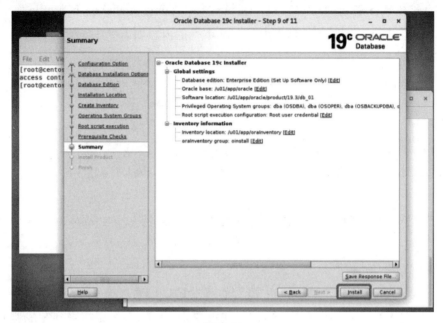

图 6-41

弹出会话界面，询问是否以"root"账号运行配置脚本，单击"Yes"按钮继续进行安装，如图 6-42 所示。

图 6-42

弹出成功安装 Oracle 到 CentOS 的提示信息，单击"Close"按钮完成软件的安装。

继续在 Oracle 账号的终端窗口，编辑文件"/home/oracle/.bash_profile"，追加 4 行文本，设置与 Oracle 相关的环境变量，文本行的内容如下：

```
export ORACLE_BASE=/u01/app/oracle
export ORACLE_HOME=$ORACLE_BASE/product/19.3/db_01
export PATH=$ORACLE_HOME/bin:/bin:/usr/local/sbin:/usr/local/bin:/usr/sbin:/usr/bin
export ORACLE_SID=serydb
```

重复上述步骤，将剩余的那台服务器也安装上 Oracle 19C。

6.5.3 创建 Oracle 监听器与网络服务命名

1. 创建 Oracle 监听器

仍然是在 VNC 图形界面 Oracle 账号的终端窗口，输入指令"netca"，弹出新的界面后，单选"Listener configuration"，连续单击"Next"按钮，直到完成监听器的创建，如图 6-43 所示。

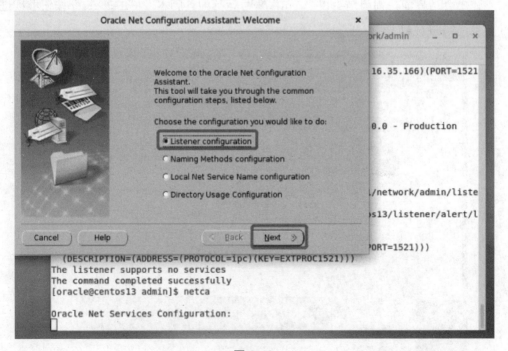

图 6-43

待两个主机的监听器都创建好以后，在系统命令行用文本编辑器或 Sed 工具修改监听器文件“listener.ora”，将监听地址改成 VIP，两台主机都一样修改，如图 6-44 所示。

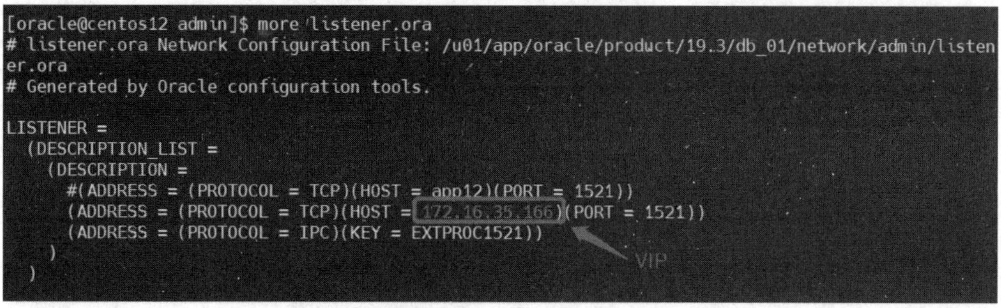

[oracle@centos12 admin]$ more listener.ora
listener.ora Network Configuration File: /u01/app/oracle/product/19.3/db_01/network/admin/listener.ora
Generated by Oracle configuration tools.
LISTENER =
(DESCRIPTION_LIST =
(DESCRIPTION =
#(ADDRESS = (PROTOCOL = TCP)(HOST = app12)(PORT = 1521))
(ADDRESS = (PROTOCOL = TCP)(HOST = 172.16.35.166)(PORT = 1521))
(ADDRESS = (PROTOCOL = IPC)(KEY = EXTPROC1521))
)
)
VIP

图 6-44

2. 网络服务命名配置

继续使用创建监听器的指令“netcat”，单选“Local Net Service Name configuration”，再单击“Next”按钮进行下一步，如图 6-45 所示。

oracle@centos12:/u01/app/oracle/product/19.3/db_01/network/admin
File Edit View Search Terminal Help
total 8
drwxr-xr-x 2 oracle oinstall 64 Apr 17 2019 samples
-rw-r--r-- 1 oracle oinstall 1536 Feb 14 2018 shrept.lst
-rw-r----- 1 oracle oinstall 336 May 24 15:57 tnsnames.ora
[oracle@centos12 admin]$ more tnsnames.ora
tnsnames.ora Network Configuration File: /u01/app/oracle/product/19.3/db_01/network/admin/tnsnames.ora
Generated by Oracle configurati
LISTENER =
(DESCRIPTION =
(ADDRESS_LIST =
(ADDRESS = (PROTOCOL = TCP)
)
(CONNECT_DATA =
(SERVICE_NAME = listener)
)
)
[oracle@centos12 admin]$ netca
Oracle Net Services Configuration
The net service name LISTENER w
Oracle Net Configuration Assistant: Welcome
Welcome to the Oracle Net Configuration Assistant.
This tool will take you through the common configuration steps, listed below.
Choose the configuration you would like to do:
Listener configuration
Naming Methods configuration
Local Net Service Name configuration
Directory Usage Configuration
Cancel
Help
Back
Next
Finish

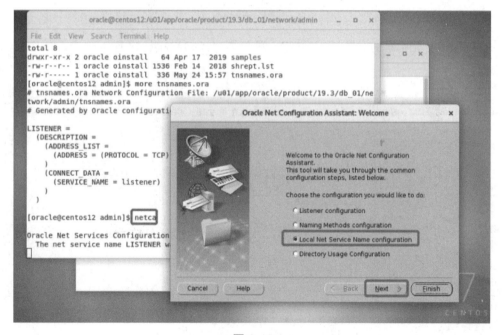

图 6-45

下一个界面，选用唯一的默认值“Add”，单击“Next”按钮进行下一步，如图 6-46 所示。

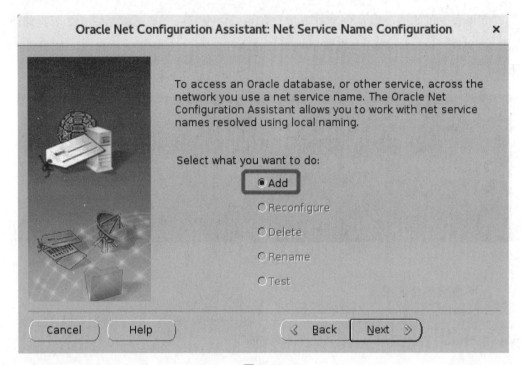

图 6-46

手动输入监听器的名称"serydb",再单击"Next"按钮进行下一步,如图 6-47 所示。

图 6-47

这里仍然选择默认值"TCP",单击"Next"按钮进行下一步,如图 6-48 所示。

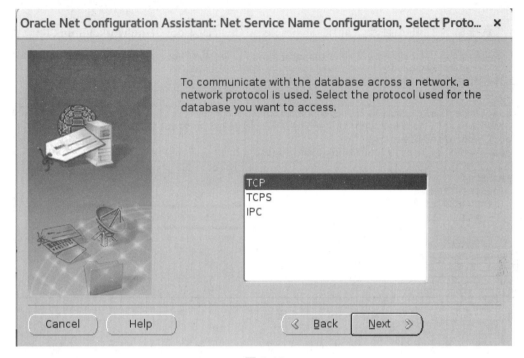

图 6-48

接下来这一步很关键,需要填写预先规划好的 RHCS VIP,并选定 Oracle 默认端口"1521",继续单击"Next"按钮进行下一步,如图 6-49 所示。

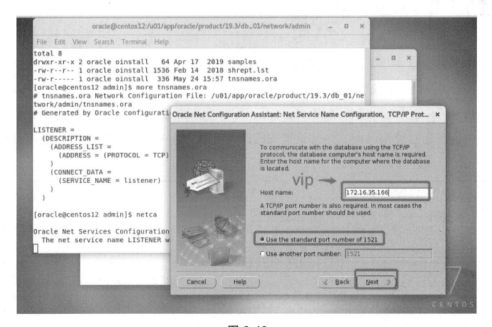

图 6-49

接下来的操作，就是一直单击"Next"按钮，完成监听器的配置，这里不再一一截图。

系统命令行进入目录"/u01/app/oracle/product/19.3/db_01/network/admin"，查看配置监听器是否自动生成文件"tnsnames.ora"，如果生成，打开文件，查验其内容，如图6-50所示。

```
[oracle@centos13 admin]$ more tnsnames.ora
# tnsnames.ora Network Configuration File: /u01/app/oracle/product/19.3/db_01/ne
twork/admin/tnsnames.ora
# Generated by Oracle configuration tools.

SERYDB =
  (DESCRIPTION =
    (ADDRESS_LIST =
      (ADDRESS = (PROTOCOL = TCP)(HOST = 172.16.35.166)(PORT = 1521))
    )
    (CONNECT_DATA =
      (SERVICE_NAME = serydb)
    )
  )
```

图 6-50

依照此方法将另一台主机也配置好监听，注意，两台主机的配置监听的配置要完全一样（服务名称与VIP相同）。

6.6 PCS 配置高可用

除了 Oracle 实例，其他所需的资源已经准备妥当。现在，我们的任务转向 PCS。首先，以 CentOS 系统管理员"root"分别登录两台服务器系统，启动 PCS 服务，给普通账号"hacluster"设置密码（hacluster 账号是安装 pacemaker 时自动生成的，可以把两台服务器的 hacluster 账号设置成同样的密码，也可以不一样），以及验证 PCS 集群成员和账户验证。执行的全部指令如下所示：

```
systemctl start pcsd
passwd hacluster
# 任意一台服务器执行集群成员及账号验证
pcs cluster auth app12 app13
```

执行 PCS 集群创建指令时，留心其输出，以判断集群是否被正确创建，如图 6-51 所示。

```
[root@centos12 ~]# passwd hacluster
Changing password for user hacluster.
New password:
Retype new password:
passwd: all authentication tokens updated successfully.
[root@centos12 ~]# pcs cluster auth app12 app13
Username: hacluster
Password:
app13: Authorized
app12: Authorized
```

图 6-51

6.6.1 Web 管理后台创建 PCS 集群

确保 PCS 服务启动的前提下，浏览器访问任一服务器的地址，并加端口号"2224"，输入用户名"hacluster"及前边设置的密码进行后台登录，如图 6-52 所示。

图 6-52

单击浏览器页面顶部菜单"Create New"，创建集群，如图 6-53 所示。

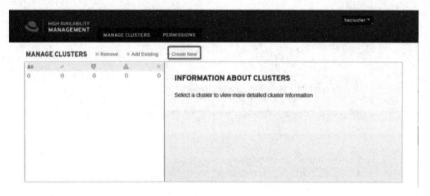

图 6-53

编辑窗口填写集群名称"sery_cls01"、节点名称"app12"和"app13",然后单击"Create Cluster"按钮进行集群创建,如图 6-54 所示。

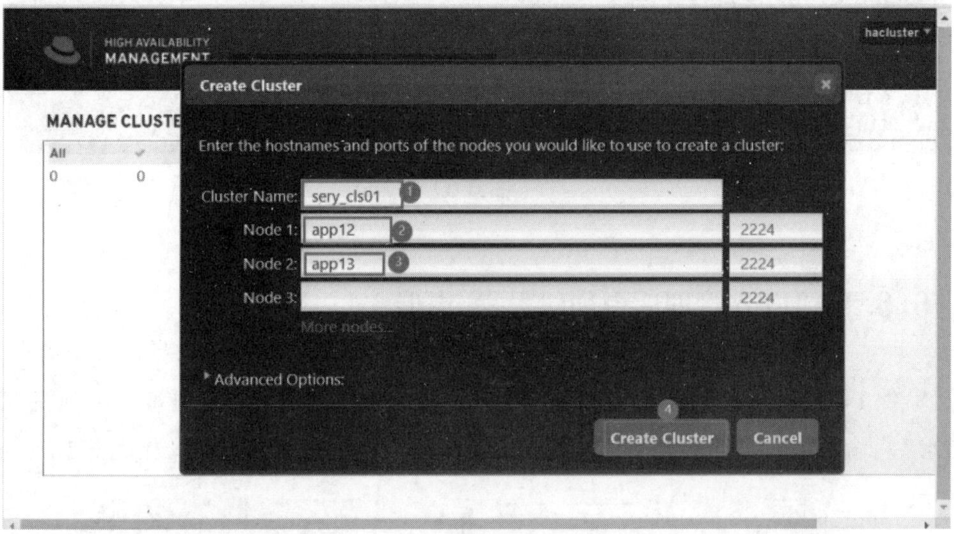

图 6-54

创建过程需要输入每个节点"hacluster"账号的密码,然后单击"Authenticate"按钮(如图 6-55 所示),如果没有异常,几秒钟后,页面返回 PCS 管理后台主界面。

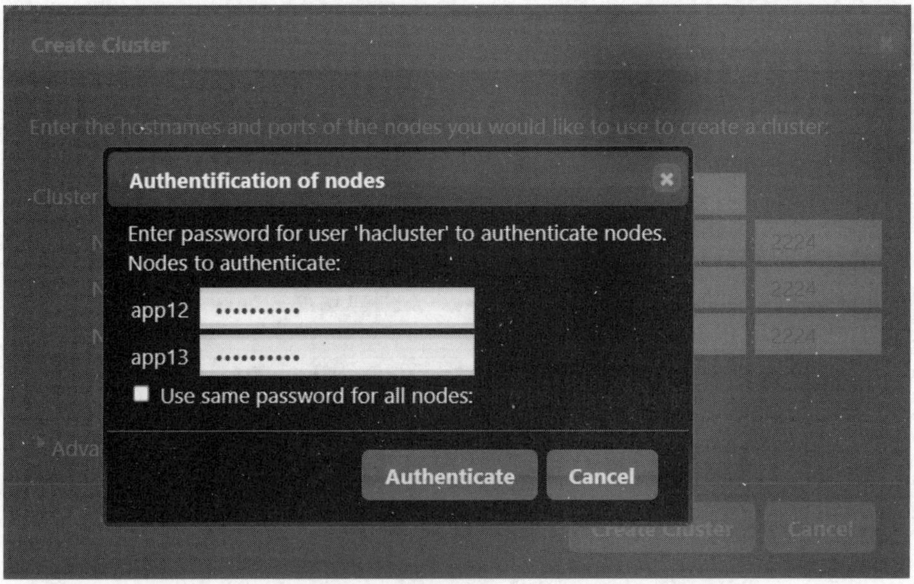

图 6-55

在 Web 管理后台主界面,单击创建好的集群链接"sery_cls01",查看更详细的信息,比如集群所启动的服务,如图 6-56 所示。

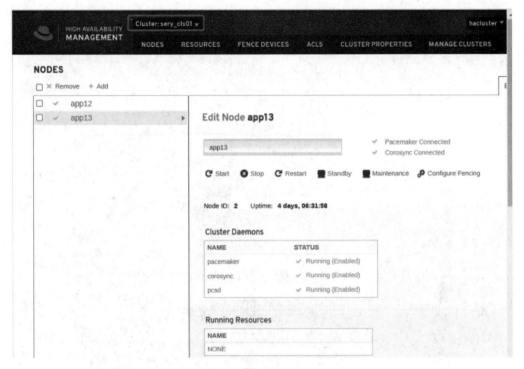

图 6-56

从图 6-56 可了解到，服务"corosync"是随集群创立起来后启动的，并且集群中没有资源在运行。

6.6.2 PCS 新增资源 VIP

为避免 VIP 资源创建后处于"blocked"状态，以 CentOS 7 系统管理员"root"账号登录任意一台主机，执行"pcs property set stonith-enabled="，将"stonith"暂时禁止。

因为有 Tomcat 与 Oracle 两个服务，为达到真正高可用的目的，需要在 PCS 集群中配置两个 VIP，一个 VIP 与 Tomcat 服务绑定，另一个 VIP 与 Oracle 服务绑定。

浏览器登录 PCS Web 管理后台，单击顶部链接"Resource"，再单击子链接"Add"，选定和填写相关信息，确认无误后，单击"Create Resource"按钮创建集群的第一个资源 VIP，如图 6-57 所示。

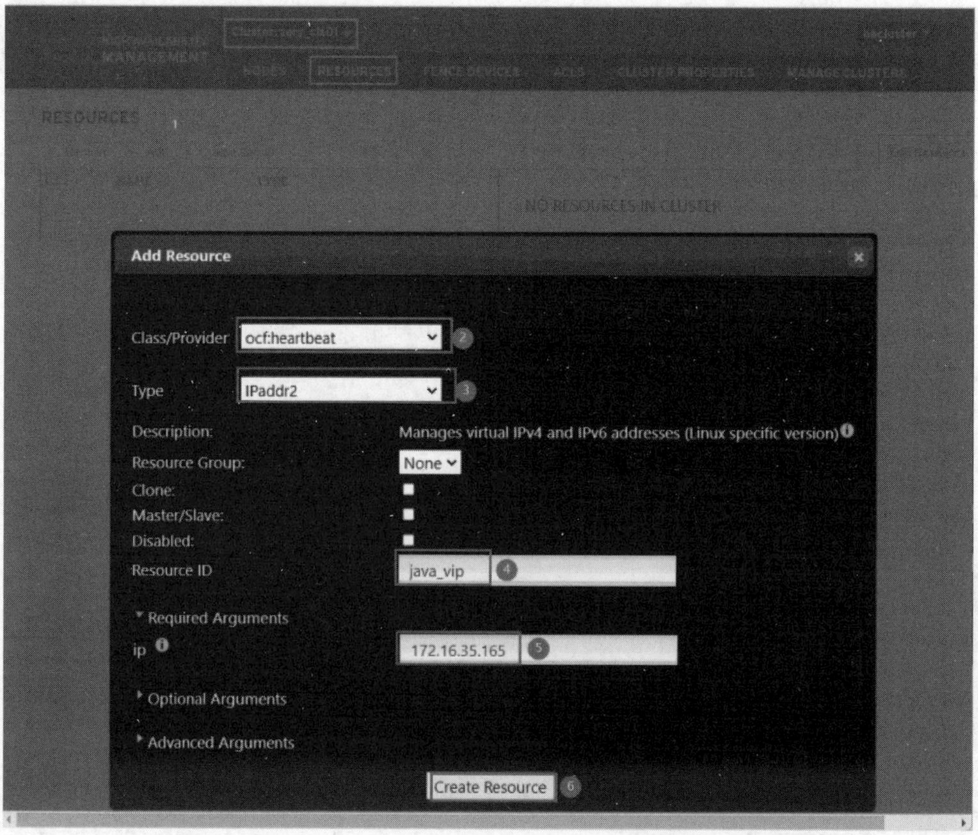

图 6-57

重复这个操作，创建另外一个 VIP，命名为"db_vip"，地址为"172.16.35.166"。创建好两个 VIP 资源以后，可以发现这两个 VIP 分属不同的节点。

说明：stonith 为多个单词的首字母，其全称为"Shoot The Other Node In The Head"。

6.6.3 创建资源"tomcat"及资源组"java_grp"

将不同的服务资源相捆绑，组成资源组，资源组至少包含一个服务资源。Tomcat 服务与其对应的 VIP 组成一个资源"java_grp"，Oracle 与其对应的 VIP 以及其他相互依存的资源组成另外一个资源组"db_grp"。因资源组"java_grp"的依赖关系比较简单，这里先做处理。

继续在 PCS Web 管理后台添加资源，填写相关信息，创建资源"tomcat"，如图 6-58 所示。

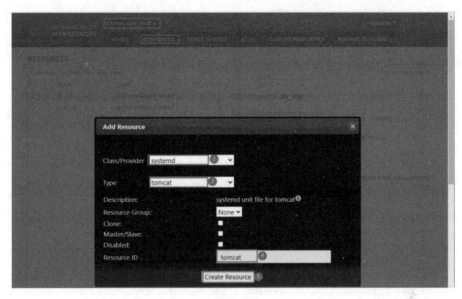

图 6-58

与添加 VIP 资源相比较，添加"tomcat"资源是存在差异的。Class/Provider 选"systemd"，Type 选"tomcat"。"tomcat"系统服务是在 6.5.1 节手动创建，PCS 默认情况下是不存在的。

有了"java_vip"与"tomcat"这两个资源，就可以将两者进行捆绑，作为一个整体存在于某个独立的主机或服务器，不可分割。

在 PCS Web 管理后台，勾选资源"java_vip"与"tomcat"，单击顶部链接菜单"Create Group"，如图 6-59 所示。注意：必须选定资源后才能创建资源组。

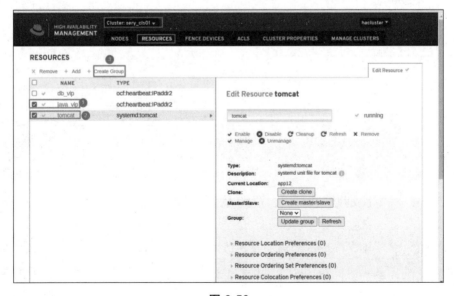

图 6-59

页面弹出"Create Group"对话框，手动输入资源组名称"java_grp"（如图 6-60 所示）。名称下边显示资源"java_vip"与"tomcat"，用鼠标拖动来决定这两者的启动顺序。一般情况下，先启动 VIP，再启动 Tomcat。

图 6-60

创建好资源组"java_grp"之后，我们可以在 PCS Web 后台页面清楚地了解到资源组"java_grp"中资源"java_vip"与"tomcat"的启动顺序（如图 6-61 所示），当然这种顺序也可以根据需要随时调整。

图 6-61

6.6.4 PCS 创建 Oracle 资源及资源组

在 RHCS 体系中，Oracle 的启动是按以下顺序进行的。

VIP → 监听器 → 逻辑卷（iSCSI 共享出来的）→ 文件系统（在逻辑卷上创建）→ 数据库实例。

上边这些资源，在 PCS 里创建好以后，形成一个不可分割的整体。

1. PCS 添加 Oracle 监听器资源

Oracle 的 VIP 资源在前边已经添加，那么接下来就从第二项监听器开始。为了方便安排各资源的启动顺序，可以先勾选已经存在的资源"db_vip"创建资源组"db_grp"，然后再创建监听器。

创建资源 Oracle 监听器比较关键的地方在于"sid""Optional Arguments"的"home""tns_admin"几个手动输入的地方，一定要跟 Oracle 的实际情况相一致，比如"tns_admin"，就必须完整填写文件"tnsname.ora"所在目录的全路径"/u01/app/oracle/product/19.3/db_01/network/admin"。如图 6-62 所示。

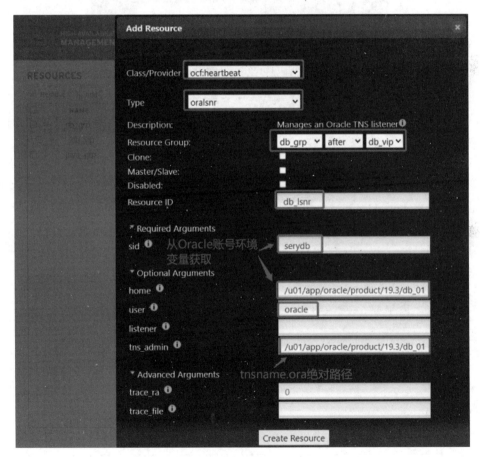

图 6-62

2. PCS 添加逻辑卷 LVM 资源

PCS Web 管理后台添加资源 LVM，"Type"选"LVM"，确认资源启动顺序，"volgrpname"可在主机执行"vgscan"取得，将选项中的"exclusive（排他）"修改成"true"，然后单击"Create Resource"按钮创建这个资源，如图 6-63 所示。

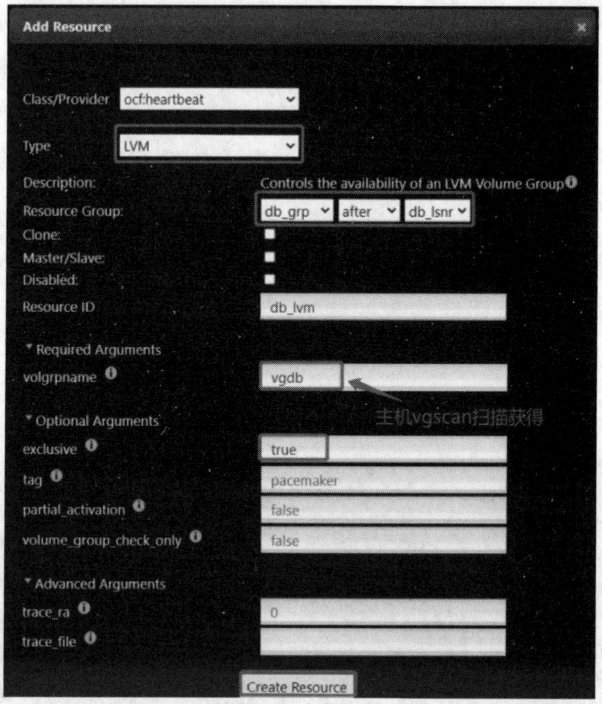

图 6-63

如果创建完资源 LVM 页面报错，提示"fail"，详细的报错可能为"The volume_list filter must be initialized in lvm.conf for exclusive activation without clvmd"（如图 6-64 所示）。

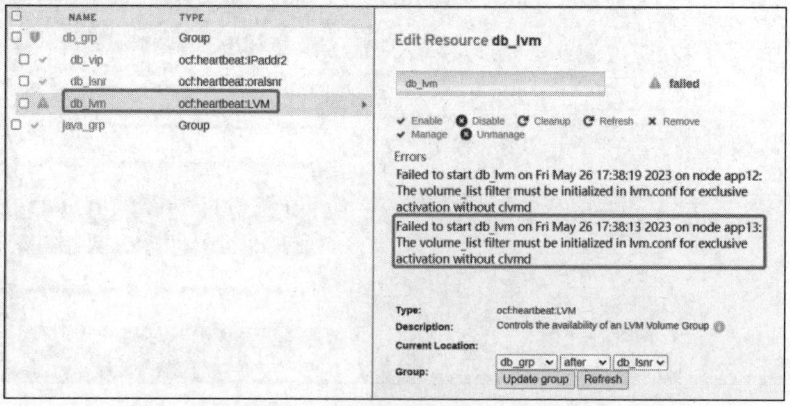

图 6-64

解决这个问题的办法是修改系统文件"/etc/lvm/lvm.conf"，找到被注释掉、以"volume_list"开头的行，将注释打开，将除 iSCSI 共享的逻辑卷组以外的内容填写到方括号内。笔者的系统存在两个卷组，系统卷组为"centos"，因此修改后的文本行如下：

```
volume_list = [ "centos" ]
```

两台主机都要修改，修改完毕，在两台主机命令行下执行指令"dracut -H -f /boot/initramfs-$（uname -r）.img $（uname -r）"，无须重启系统即可解决问题。一旦 LVM 资源创建成功，分别在两个主机的命令行运行"lvscan"，可验证创建过程中"exlusive"设定为"true"所起到的作用。因为"lvscan"执行后，某个主机的 iSCSI 共享逻辑卷的状态为"ACTIVE"，那么另一个主机对应的逻辑卷状态一定是"inactive"。

3. 创建文件系统资源

创建过程中，三个必填参数"device"从主机执行"lvscan"输出逻辑卷名直接复制，挂接点"directory"所填写的目录如果不存在于主机系统，也没有关系，单击"Create Resource"按钮后会在系统自动创建，如图 6-65 所示。

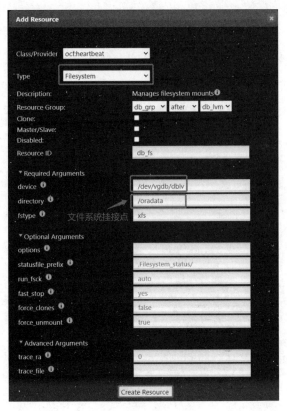

图 6-65

4. 创建 Oracle 实例资源

登录运行资源组"db_grp"的主机系统（PCS Web 管理后台或者系统命令行执行"pcs status"可确定该资源组所运行的主机），以"oracle"账号运行命令"dbca"，弹出图形方式的配置界面,选择"Create a database"后,单击"Next"按钮进行第二步,如图 6-66 所示。

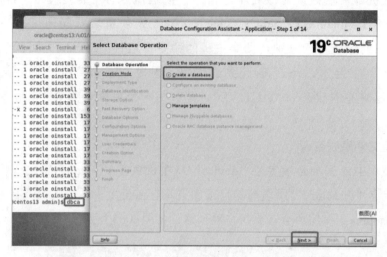

图 6-66

在配置过程的第二步,数据库文件的存储位置与快闪区不要使用默认值,需要手动修改成 iSCSI 共享存储的挂节点"/oradata",全局数据库名称设置成跟 Oracle 环境变量指定的"ORACLE_SID"相一致,然后单击"Next"进行第三步,如图 6-67 所示。

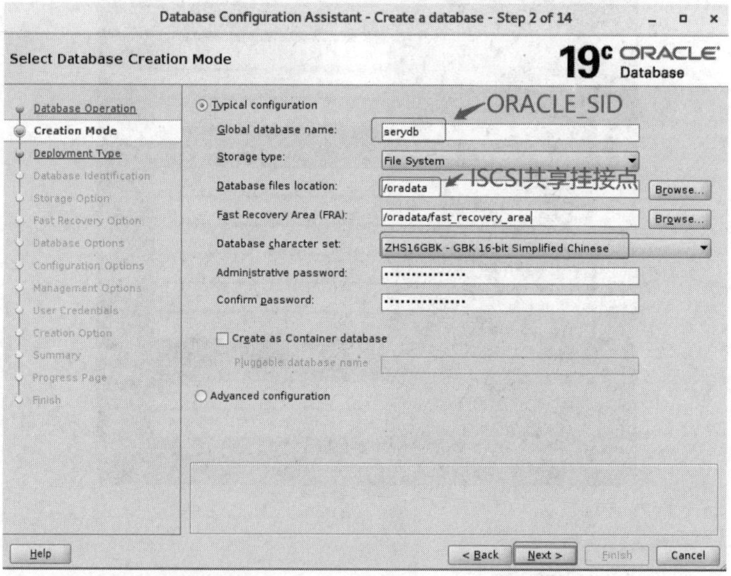

图 6-67

如果不存在意外,第三步为信息汇总窗口,单击"Finish"按钮开始正式创建

Oracle 数据库实例，如图 6-68 所示。

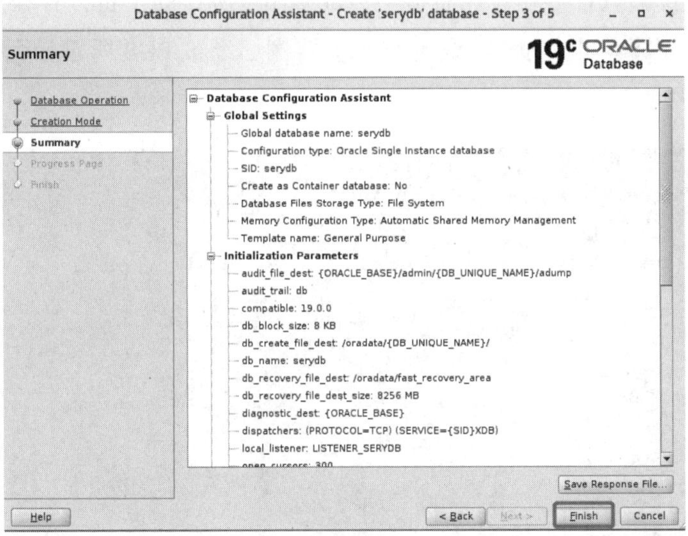

图 6-68

Oracle 数据库实例创建完成后，不要手动去启动该实例，余下的事情交给 PCS 来处理。同样因为不是生产环境所使用的数据库，因此没有做进一步的优化措施。

切换到 PCS Web 管理后台，添加"oracle"实例。参数值、选项值必须与 Oracle 设定的环境变量相一致，单击"Create Resource"按钮开始创建，如图 6-69 所示。

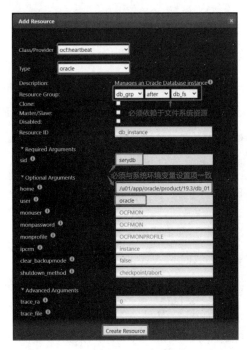

图 6-69

至此与 Oracle 相关的资源已经全部添加到 PCS 的资源组“db_grp”，Oracle 实例会被 PCS 自动拉起进行启动。在资源组“db_grp”所在的主机，存在许多以“ora_”开头的进程（如图 6-70 所示），说明 Oracle 实例已经被 PCS 所管控而无须人工干预实例的启动和停止。

```
root      17604  0.0  0.0       0      0 ?        S    May26   0:01 [xfsaild/dm-2]
oracle    18341  0.0  0.1 4025876 23568 ?        Ss   11:09   0:00 ora_pmon_serydb
oracle    18343  0.0  0.1 4025868 20132 ?        Ss   11:09   0:00 ora_clmn_serydb
oracle    18345  0.0  0.1 4026384 20396 ?        Ss   11:09   0:00 ora_psp0_serydb
oracle    18348  1.4  0.1 4026384 19972 ?        Ss   11:10   1:19 ora_vktm_serydb
oracle    18352  0.0  0.2 4041284 26124 ?        Ss   11:10   0:00 ora_gen0_serydb
oracle    18354  0.0  2.2 4026384 271976 ?       Ss   11:10   0:00 ora_mman_serydb
oracle    18358  0.0  0.2 4147560 34276 ?        Ssl  11:10   0:00 ora_gen1_serydb
oracle    18361  0.0  0.1 4026380 19920 ?        Ss   11:10   0:00 ora_diag_serydb
oracle    18364  0.0  0.3 4148084 38076 ?        Ssl  11:10   0:00 ora_ofsd_serydb
oracle    18369  0.0  0.3 4027724 38856 ?        Ss   11:10   0:01 ora_dbrm_serydb
oracle    18373  0.0  0.1 4026380 20176 ?        Ss   11:10   0:00 ora_vkrm_serydb
oracle    18375  0.0  0.1 4026384 20108 ?        Ss   11:10   0:00 ora_svcb_serydb
oracle    18377  0.0  0.1 4026384 20480 ?        Ss   11:10   0:00 ora_pman_serydb
oracle    18379  0.0  0.2 4030672 32360 ?        Ss   11:10   0:03 ora_dia0_serydb
oracle    18381  0.0  0.6 4035216 81692 ?        Ss   11:10   0:00 ora_dbw0_serydb
oracle    18383  0.0  0.2 4027416 30624 ?        Ss   11:10   0:00 ora_lgwr_serydb
oracle    18385  0.0  0.2 4026388 27424 ?        Ss   11:10   0:00 ora_ckpt_serydb
oracle    18387  0.0  0.2 4026132 24088 ?        Ss   11:10   0:00 ora_lg00_serydb
oracle    18389  0.0  0.3 4027768 40628 ?        Ss   11:10   0:00 ora_smon_serydb
oracle    18391  0.0  0.1 4026132 22496 ?        Ss   11:10   0:00 ora_lg01_serydb
oracle    18393  0.0  0.1 4026380 21520 ?        Ss   11:10   0:00 ora_smco_serydb
oracle    18395  0.0  0.2 4027716 34492 ?        Ss   11:10   0:00 ora_reco_serydb
oracle    18397  0.0  0.2 4026164 32836 ?        Ss   11:10   0:00 ora_w000_serydb
oracle    18399  0.0  0.3 4051988 39188 ?        Ss   11:10   0:00 ora_lreg_serydb
```

图 6-70

6.6.5 PCS 配置 SBD FENCE 设备

FENCE 是 PCS 的一个可选项，其基本功能是防止集群的主机节点同时向共享存储写入数据，避免集群脑裂（Split-Brain）。PCS 有多种 FENCE 方式，这里选用“SBD（Split Brain Detection）”。

在两台主机系统 CentOS 7 命令行执行下列指令安装 SDB。

```
yum install sbd fence-agents-sbd watchdog
modprobe softdog
echo softdog > /etc/modules-load.d/softdog.conf
```

在 6.6.6 节创建资源 VIP 的时候，是把“stonith”做禁止处理的，这里需要将其启用，登录任一主机系统，命令行执行“pcs property set stonith-enabled=true”。

接下来，切换到 PCS Web 管理后台，单击链接菜单“SBD”，弹出对话窗口后单击“Enable SBD”按钮，如图 6-71 所示。

图 6-71

如果启用"SBD"失败,可能需要临时手动关闭所有主机节点的"corosync"服务,启动"SBD"成功后(状态如图 6-72 所示),任一主机 CentOS 7 命令行执行"pcs cluster start ——all",启动 PCS 集群服务。

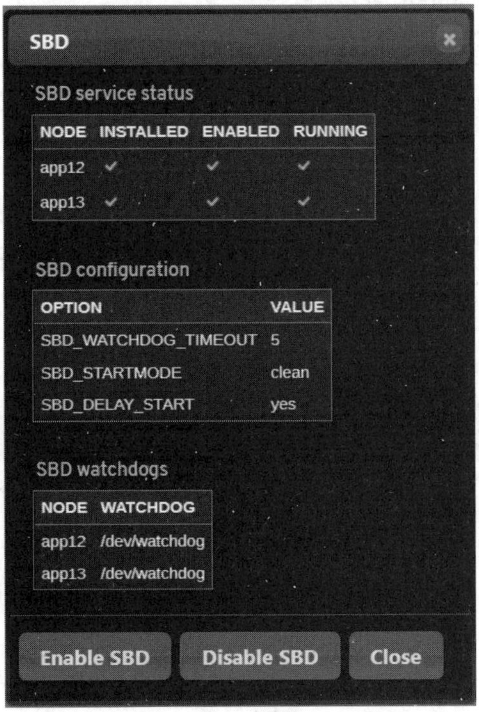

图 6-72

单击"Close"按钮,返回添加"FENCE"界面,"Type(类型)"自动选取唯一的值"fence_sbd",手动输入 FENCE 设备的名称"sery_fence",单击"Create Fence Instance"按钮进行创建,如图 6-73 所示。

图 6-73

不幸的是，单击创建"Fence"实例报错，无法进行下去，换不同的名称也不能取得进展，怎么办？到系统命令行用指令创建"Fence"实例。

两台主机检查文件"/etc/sysconfig/sbd"，其完整内容如下：

```
SBD_DELAY_START=no
SBD_DEVICE="/dev/sdd"
SBD_OPTS=
SBD_PACEMAKER=yes
SBD_STARTMODE=always
SBD_WATCHDOG_DEV=/dev/watchdog
SBD_WATCHDOG_TIMEOUT=5
SBD_TIMEOUT_ACTION=flush,reboot
SBD_MOVE_TO_ROOT_CGROUP=auto
```

文件中的设备"/dev/sdd"为 iSCSI 的另一个共享存储，这个设备无须创建卷组及逻辑卷。

在两台主机上执行命令"pcs stonith sbd device setup ——device=/dev/sdd"，如果执行过程没有报错，接着在任一主机上执行指令"pcs stonith create sery_fence fence_sbd devices=/dev/sdd"，然后切换到 PCS Web 管理后台查看"Fence Instance"，发现已经被成功创建，如图 6-74 所示。

图 6-74

在主机“app13”命令行，执行“pcs stonith fence app12”，主机节点“app12”系统重启，此方法简单、快捷地验证了“fence”的有效性。

6.7 PCS 功能验证

到目前，我们已经完成计划的 PCS 所有配置，所有的资源组已经独占式加载，所有与 PCS 相关的服务也已经启动，登录 CentOS 7 系统，运行指令“pcs status”，查看输出，所有的信息一目了然，如图 6-75 所示。

```
[root@centos13 ~]# pcs status
Cluster name: sery_cls01
Stack: corosync
Current DC: app13 (version 1.1.23-1.el7_9.1-9acf116022) - partition with quorum
Last updated: Sun May 28 16:04:46 2023
Last change: Sun May 28 15:20:46 2023 by hacluster via cibadmin on app12

2 nodes configured
8 resource instances configured

Online: [ app12 app13 ]

Full list of resources:

 Resource Group: java_grp
     java_vip   (ocf::heartbeat:IPaddr2):       Started app12
     tomcat     (systemd:tomcat):       Started app12
 Resource Group: db_grp
     db_vip     (ocf::heartbeat:IPaddr2):       Started app13
     db_lsnr    (ocf::heartbeat:oralsnr):       Started app13
     db_lvm     (ocf::heartbeat:LVM):   Started app13
     db_fs      (ocf::heartbeat:Filesystem):    Started app13
     db_instance        (ocf::heartbeat:oracle):        Started app13
 sery_fence     (stonith:fence_sbd):    Started app12

Daemon Status:
  corosync: active/enabled
  pacemaker: active/enabled
  pcsd: active/enabled
  sbd: active/enabled
```

图 6-75

当然，从 PCS Web 管理后台也可以掌握上述所有信息，不过没命令行输出那么直观，需要在节点之间切换。

6.7.1 PCS 负载分发功能验证

我们在 PCS 体系中发布了两个资源组，一个是“tomcat”与其相关联的 VIP，另一个是“oracle”与之关联的 VIP、逻辑卷组、文件系统、监听器等组合而成的“db_grp”。这两个资源组一个运行在节点“app12”，另一个则运行在节点“app13”，这种分配是自动的，是负载分发机制所主导的，在一定意义上也算是一种负载均衡。

6.7.2 PCS 健康检查功能验证

登录主机系统"app12",手动停止服务"tomcat",观察 PCS 的反应。停止"tomcat"服务器可以用"systemctl stop tomcat",也可以直接用"killall -9 java"。在确认 Tomcat 被停止以后,等待几秒,查看进程或 PCS Web 管理后台,Tomcat 已经被 PCS 强制重新启动。

登录主机系统"app13",切换到普通账号"oracle",Oracle 客户端"sqlplus"登录实例,停止该实例,具体的操作如下:

```
[root@centos13 ~]# su - oracle
[oracle@centos13 admin]$ sqlplus / as sysdba

SQL*Plus: Release 19.0.0.0.0 - Production on Sun May 28 18:44:56 2023
Version 19.3.0.0.0

Copyright (c) 1982, 2019, Oracle.  All rights reserved.


Connected to:
Oracle Database 19c Enterprise Edition Release 19.0.0.0.0 - Production
Version 19.3.0.0.0
SQL> shutdown immediate;
Database closed.
Database dismounted.
ORACLE instance shut down.
```

切换到主机"app3"命令行,以关键字"ora_"查看系统进程,判定 Oracle 实例确实被手动关闭,如图 6-76 所示。

```
[root@centos13 ~]# ps aux| grep ora_
root       14254  0.0  0.0 112812   948 pts/1    S+   18:49   0:00 grep --color=auto ora_
```

图 6-76

继续等待几秒钟,Oracle 实例又被 PCS 重启。

以上两例模拟故障,成功地验证了 PCS 的健康检查功能。

6.7.3 PCS 失败切换功能验证

登录主机系统"app13",然后关机。刷新 PCS Web 查看集群状态,等待一段时间,页面提示"app13"已经处于未知状态,如图 6-77 所示。

图 6-77

单击页面链接"app12",可以发现所有的资源都运行在主机节点"app12"上,如图 6-78 所示。

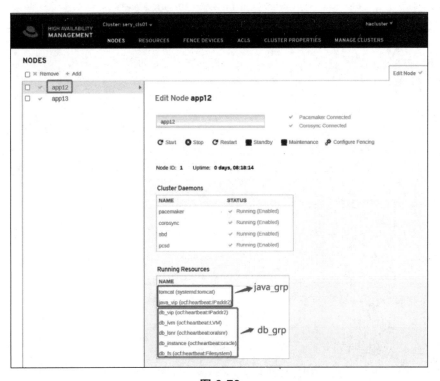

图 6-78

关闭主机"app12",启动"app13",所有的资源将漂移到"app13"上并运行。

如果把两个主机都启动,资源组"db_grp"与"java_grp"又会各自自动占据一个主机,而不是都分布到同一个主机节点。

通过上述操作,验证了 PCS 失败切换功能的有效性和可靠性。

6.8 杂项

PCS 除了以 Web 图形方式对资源、服务等对象进行操作外,还可以直接在系统命令行进行处理。以命令行方式进行操作比 Web 图形方式操作更灵活,可实现更复杂的功能。指令"pcs"带选项"-h",可大致了解其使用方法,用"man pcs"可查看更详尽的用法。对于一般要求的应用场景,Web 图形方式就足以应付,而且以图形方式操作门槛低、易于上手且不容易出错,建议读者尽量以图形方式进行操作。

第 7 章 MySQL 负载均衡与读写分离

与一般的高可用集群相比，完整意义上的 MySQL 高可用负载均衡集群的组成要复杂一些，因为它分读写两个不同的层面。读取层面，MySQL 可直接对集群读取；而写入层面则只能对单个主库写入，需要用 PCS 或者超融合集群作为基础，保证其可用性。

MySQL 高可用集群主要由负载均衡器、MySQL 读写分离代理、MySQL 主从复制等部分组成（如图 7-1 所示）。

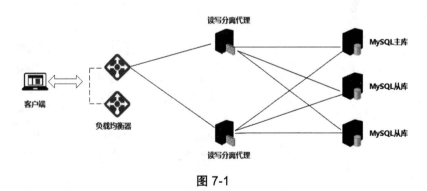

图 7-1

在 MySQL 读写分离高可用集群体系下，实际存在两级负载均衡：读写分离代理的负载均衡与 MySQL 从库的负载均衡。根据依赖关系，我们将按从里到外的顺序（MySQL 主库高可用→MySQL 主从复制→MySQL 读写分离代理→读写分离代理 Mycat 负载均衡集群），对每个部分做详细的介绍。

7.1 MySQL 主库高可用

至少有两种保证 MySQL 主库高可用的措施：RHCS/PCS 与 Proxmox VE 超融合高可用集群。采用 PCS 把 MySQL 作为资源，需要高可用的存储设施，具体实现方法可参见本书第 6 章。

如果采用 Proxmox VE 超融合集群架构，个人认为很有优势。除了将负载均衡器独立外，读写分离代理、主数据库、从数据库都可以虚拟机的形式部署在 Proxmox VE 超融合集群。Proxmox VE 超融合集群去中心化，底层存储也是去中心化的，任意节点故障，只要集群得以维持，可提供比外挂共享存储更高的可用性，如图 7-2 所示。

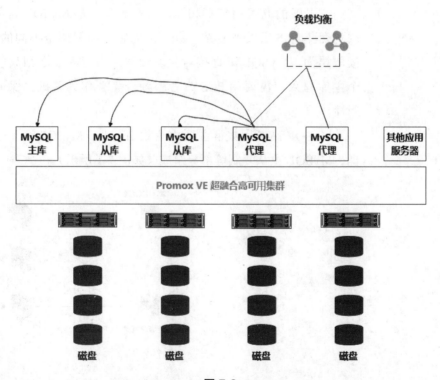

图 7-2

在本案例中，仅需在 Proxmox VE 集群创建一个虚拟机，在此虚拟机上部署 MySQL，然后将此虚拟机做成模板，克隆出至少三台 MySQL 服务器（一主二从），将其分布到集群中不同的物理节点上，以充分利用集群的计算资源。如果不打算采用类似的虚拟化平台而使用物理服务器，那么就需要重复安装系统及部署 MySQL 服务。

服务器的操作系统可以是任意主流的 Linux 发行版或者 Unix 开源版本，如 FreeBSD，选定并在主机（或者虚拟机）安装操作系统后，可以根据操作系统版本选择下载相对应的 MySQL 二进制下载包，笔者下载的包为"mysql-8.0.28-linux-glibc2.12-x86_64.tar.xz"，官方的下载地址为 https://cdn.mysql.com/archives/mysql-8.0/mysql-8.0.28-linux-glibc2.12-x86_64.tar.xz，取得的下载包括可执行二进制文件已经运行 MySQL 服务所需的其他文件，解压包后可直接使用，比下载源码编译、安装要省事得多。

准备 MySQL 主库的完整步骤分为：MySQL 解包并准备运行环境、准备选项文件"/etc/my.cnf"、初始化 MySQL 和运行 MySQL 服务。

1. MySQL 解包并准备运行环境

第一步：登录到主机系统，执行如下命令对下载好的压缩包进行解压，并将解压后的目录整体迁移到目录"/usr/local"，重命名为"mysql"。

```
[root@mysql-m ~]# tar xvf mysql-8.0.28-linux-glibc2.12-x86_64.tar.xz
[root@mysql-m ~]# mv mysql-8.0.28-linux-glibc2.12-x86_64 /usr/local/mysql
```

第二步：继续在系统命令行执行如下命令，创建普通系统账号"mysql"，在单独的分区创建目录"/data/mysql_db"（/data 至少为独立的分区或者单独的磁盘），给目录授权。

```
[root@mysql-m ~]# useradd mysql
[root@mysql-m ~]# mkdir /data/mysql_db
[root@mysql-m ~]# chown -R mysql:mysql /data/mysql_db
```

系统环境变量文件"/etc/profile"追加文本行"export PATH=$PATH：/usr/local/mysql/bin"，用指令"echo"或文本编辑器皆可，这样处理的目的是，在执行与 MySQL 相关的命令时，不用输入该命令的绝对路径。

第三步：关闭系统防火墙以及将"selinux"设定为"disabled"。这样做的目的是减少干扰、减少故障因素。大部分情况下，关闭防火墙及 SELinux 可以释放系统资源，提高服务器性能，同时可以解决应用程序兼容性问题和其他操作系统相关问题。

2. 准备选项文件"/etc/my.cnf"

只有用包管理器"yum"安装到系统的 MySQL，才会自动生成选项文件"/etc/my.cnf"。就算没有这个选项文件，也不要紧，手动创建一个，并根据自己的实际情况添加内容，笔者某个正常运行的 MySQL 服务器的选项文件"/etc/my.cnf"的全部内容如下：

```
[mysqld_safe]
log-error=/data/mysql_db/error.log
pid-file=/data/mysql_db/mysqld.pid

[mysqld]
basedir = /usr/local/mysql
datadir = /data/mysql_db
port = 3306
socket = /tmp/mysql.sock

default_authentication_plugin=mysql_native_password
explicit_defaults_for_timestamp=true
slow_query_log_file = /data/mysql_db/slow.log
long_query_time = 2
skip-name_resolve
max-connect-errors=100000
max-connections=5000
mysqlx_max_connections=5000

server-id = 113
binlog-format = ROW
gtid-mode = on
enforce-gtid-consistency = true
log-bin = mysql-bin
relay-log = mysql-relay-bin
log_replica_updates=1


innodb_checksum_algorithm=innodb
innodb_data_file_path=ibdata1:200M:autoextend
innodb_log_files_in_group=2
innodb_log_buffer_size=8388608
innodb_page_size=16384
innodb_buffer_pool_size=8G
innodb_log_file_size=2G
innodb_flush_method=O_DIRECT
innodb_io_capacity=2000
innodb_io_capacity_max=6000
innodb_lru_scan_depth=2000
innodb_checksum_algorithm=crc32
innodb_log_checksums=1

sql_mode=STRICT_TRANS_TABLES,NO_ZERO_IN_DATE,NO_ZERO_DATE,ERROR_FOR_
DIVISION_BY_ZERO,NO_ENGINE_SUBSTITUTION
```

```
[client]
default-character-set = utf8
socket = /tmp/mysql.sock
[mysql]
default-character-set = utf8
socket = /tmp/mysql.sock
```

选项文件"/etc/my.cnf"显示开启了"gtid",这样处理的好处是从库进行初始化同步主库时,不需要输入主库二进制日志的名称及偏移量"master_log_pos",提高了效率。

3. 初始化 MySQL

MySQL 初始化操作的结果是生成运行服务所必需的数据,创建管理员"root"账号临时密码。全新部署的 MySQL 数据库如果不进行初始化操作,将无法启动服务。因为笔者已经在系统环境变量文件"/etc/profile"设置了 MySQL 的路径"PATH",因此,可在任意路径下执行指令进行 MySQL 数据库的初始化,初始化的具体指令如下:

```
[root@rock113 bin]# mysqld -I --user=mysql
```

指令执行过程中,会生成一个临时密码(如图 7-3 所示),记下这个密码待用。

```
[root@rock113 ~]# mysqld -I --user=mysql
2023-06-07T02:59:35.789438Z 0 [Warning] [MY-010918] [Server] 'default_authentication_plugin' is deprecated and
will be removed in a future release. Please use authentication_policy instead.
2023-06-07T02:59:35.789454Z 0 [System] [MY-013169] [Server] /usr/local/mysql/bin/mysqld (mysqld 8.0.28) initial
izing of server in progress as process 28679
2023-06-07T02:59:35.808790Z 1 [System] [MY-013576] [InnoDB] InnoDB initialization has started.
2023-06-07T02:59:42.627025Z 1 [System] [MY-013577] [InnoDB] InnoDB initialization has ended.
2023-06-07T02:59:45.931321Z 6 [Note] [MY-010454] [Server] A temporary password is generated for root@localhost:
u;t=!Ngia0<ó       自动生成的临时密码
[root@rock113 ~]#
```

图 7-3

查看一下在选项文件"/etc/my.cnf"中设定的数据目录"/data/mysql_db",应该有目录与文件存在(初始化之前是空的),如图 7-4 所示。

如果初始化命令"mysqld -I"不加选项"—user=mysql",那么数据目录"/data/mysql_db"自动生成的子目录及文件的属组及组将会是"root"。在启动 MySQL 服务之前,还需用指令"chown mysql:mysql /data/mysql_db"强制授权一次。

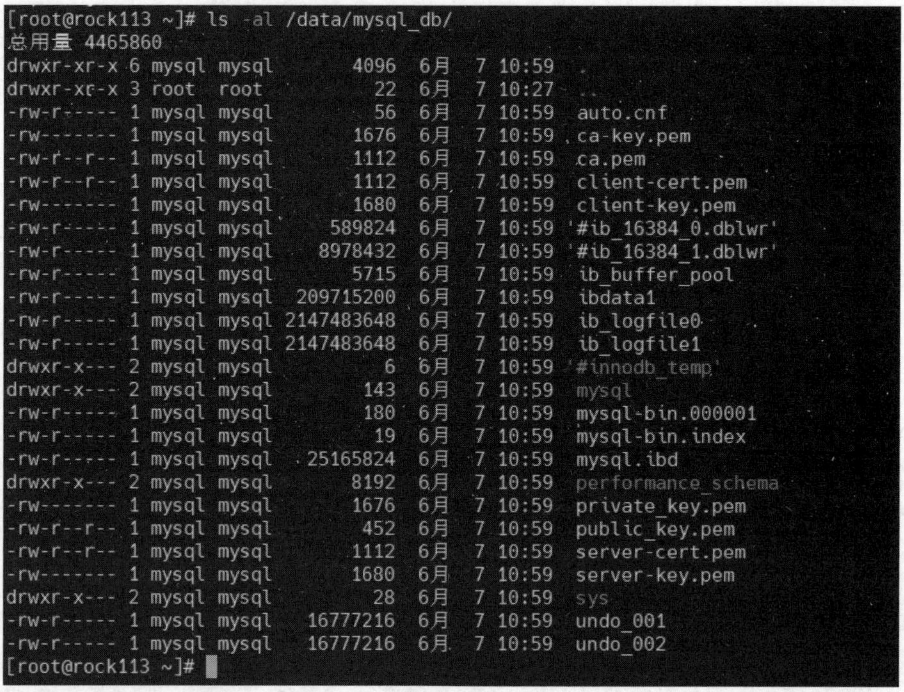

```
[root@rock113 ~]# ls -al /data/mysql_db/
总用量 4465860
drwxr-xr-x 6 mysql mysql       4096 6月  7 10:59 .
drwxr-xr-x 3 root  root          22 6月  7 10:27 ..
-rw-r----- 1 mysql mysql         56 6月  7 10:59 auto.cnf
-rw------- 1 mysql mysql       1676 6月  7 10:59 ca-key.pem
-rw-r--r-- 1 mysql mysql       1112 6月  7 10:59 ca.pem
-rw-r--r-- 1 mysql mysql       1112 6月  7 10:59 client-cert.pem
-rw------- 1 mysql mysql       1680 6月  7 10:59 client-key.pem
-rw-r----- 1 mysql mysql     589824 6月  7 10:59 '#ib_16384_0.dblwr'
-rw-r----- 1 mysql mysql    8978432 6月  7 10:59 '#ib_16384_1.dblwr'
-rw-r----- 1 mysql mysql       5715 6月  7 10:59 ib_buffer_pool
-rw-r----- 1 mysql mysql  209715200 6月  7 10:59 ibdata1
-rw-r----- 1 mysql mysql 2147483648 6月  7 10:59 ib_logfile0
-rw-r----- 1 mysql mysql 2147483648 6月  7 10:59 ib_logfile1
drwxr-x--- 2 mysql mysql          6 6月  7 10:59 '#innodb_temp'
drwxr-x--- 2 mysql mysql        143 6月  7 10:59 mysql
-rw-r----- 1 mysql mysql        180 6月  7 10:59 mysql-bin.000001
-rw-r----- 1 mysql mysql         19 6月  7 10:59 mysql-bin.index
-rw-r----- 1 mysql mysql   25165824 6月  7 10:59 mysql.ibd
drwxr-x--- 2 mysql mysql       8192 6月  7 10:59 performance_schema
-rw------- 1 mysql mysql       1676 6月  7 10:59 private_key.pem
-rw-r--r-- 1 mysql mysql        452 6月  7 10:59 public_key.pem
-rw-r--r-- 1 mysql mysql       1112 6月  7 10:59 server-cert.pem
-rw------- 1 mysql mysql       1680 6月  7 10:59 server-key.pem
drwxr-x--- 2 mysql mysql         28 6月  7 10:59 sys
-rw-r----- 1 mysql mysql   16777216 6月  7 10:59 undo_001
-rw-r----- 1 mysql mysql   16777216 6月  7 10:59 undo_002
[root@rock113 ~]#
```

图 7-4

4. 启动 MySQl 服务

系统命令行下，任意路径执行“mysqld_safe ——user=mysql&”，无报错信息，初步可以判断服务正常启动。

用初始化数据库生成的临时密码登录数据库，然后修改密码，才能真正投入使用。在 MySQL 客户端修改“root”账号的密码指令如下：

```
mysql>  alter user 'root'@'localhost' identified by 'xsad&s8Fe';
Query OK, 0 rows affected (0.01 sec)
mysql> flush privileges;
```

第一次修改 MySQL 8 的密码，一定不能设置得太简单。但是第一次修改完密码以后，再次修改“root”密码，就可以设置简单密码，但为了安全起见，不推荐这样做。乘此机会，在 MySQL 创建用户 slave，用于数据库主从同步用，其完整指令如下：

```
mysql> create user 'slave'@'%' identified by 'Ysd^7dDj';
Query OK, 0 rows affected (0.02 sec)
mysql> grant replication slave on *.* to 'slave'@'%';
Query OK, 0 rows affected (0.01 sec)
```

为了使 MySQL 随操作系统开启启动，笔者习惯于将启动脚本追加到文件“/etc/rc.local”，这样做的好处是适用于各种 Linux 操作系统发行版。当然，也可以将其封装成系统服务，由 systemd 来控制，具体的方法可参照本书 6.5 节 "安装 Tomcat" 相关内容。

确认 MySQL 主库一切正常之后，登录超融合集群 Proxmox VE Web 管理后台，将运行 MySQL 8 的主库系统添加到 HA 中，如图 7-5 所示。

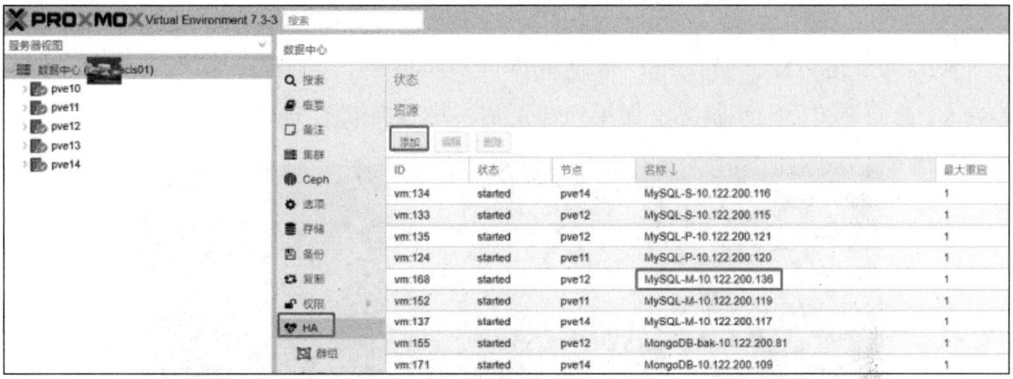

图 7-5

相对于 RHCS/PCS，开源的 Proxmox VE 超融合集群为 MySQL 提供的可用性更高，易管理性更强，而且将整个 MySQL 所需的组件系统全部运行于其上。

继续在 Proxmox VE 超融合集群 Web 管理后台，选中 MySQL 主库所在的系统，以克隆的方式快速创建出其他 MySQL 同步所需要的从库系统。然后登录这些虚拟机的控制台，修改主机名、IP 地址，使运行 MySQL 从库的虚拟机能正常通过 SSH 客户端进行远程访问。

7.2 MySQL 主从复制

由于 MySQL 所有的从库系统皆是由主库系统克隆而来，除了更改网络设置、主机名及修改 MySQL 选项文件之外，没有额外的工作需要完成，非常省事省心。

所有的 MySQL 从库选项文件 "/etc/my.cnf"，仅仅需要修改的地方是 "server-id"，笔者习惯于以主机 IP 地址的后缀数字作为 MySQL 服务器的运行 ID，比如主机 IP 地址为 "172.16.98.116"，那么 MySQL 选项文件中就设置 "server-id=116"，可有效避免网络中出现 ID 冲突。

依然是因为虚拟机克隆，MySQL 从库不需要再进行初始化等相关操作，直接运行指令 "mysqld_safe --user=mysql&" 启动服务，接着用客户端 "mysql -p" 登录本地 MySQL 数据库，输入如下指令进行主从库数据同步。

```
mysql> change master to
master_host='172.16.35.113',master_port=3306,master_user='slave',
master_password='Ysd^7dDj';
Query OK, 0 rows affected, 7 warnings (0.06 sec)
mysql> start slave;
Query OK, 0 rows affected, 1 warning (0.02 sec)
```

未出现报错,应该是在进行主从数据同步,继续在 MySQL 客户端执行 "show slave status\G" 验证同步状况,如果一切正常,将有类似图 7-6 所示的输出。

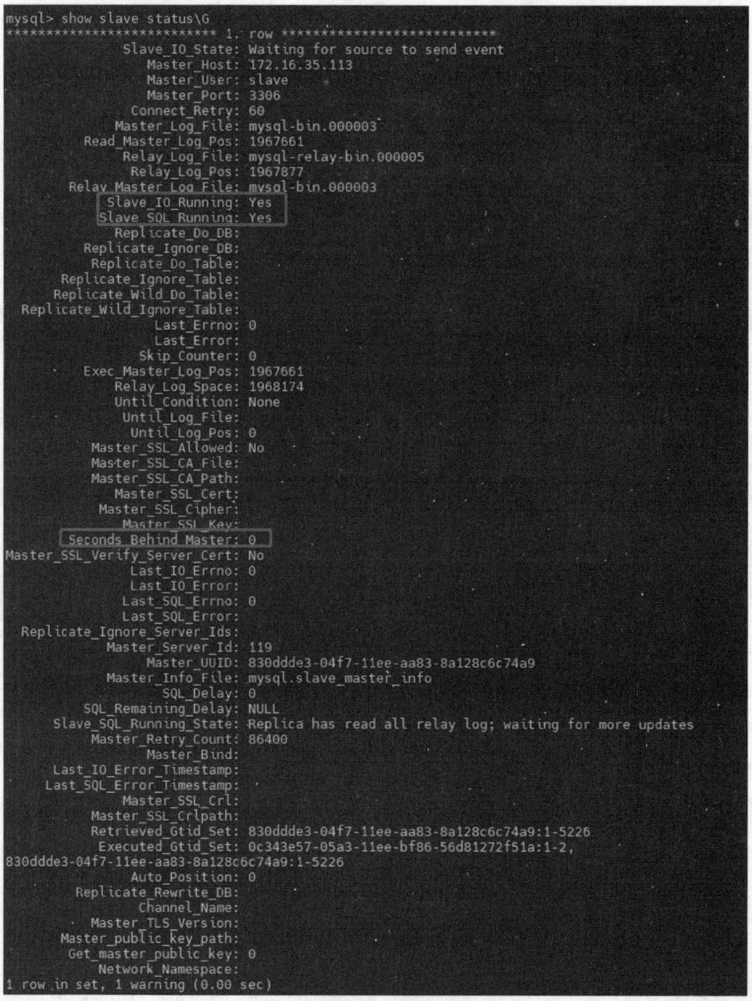

图 7-6

笔者进行同步的主库,已经存在用户数据库 "v8_games",但在从库进行同步操作之前,并没有进行主库的数据导出、从库的数据导入。实际验证一下,用户数据库 "v8_games" 是否同步成功,操作及输出如图 7-7 所示。

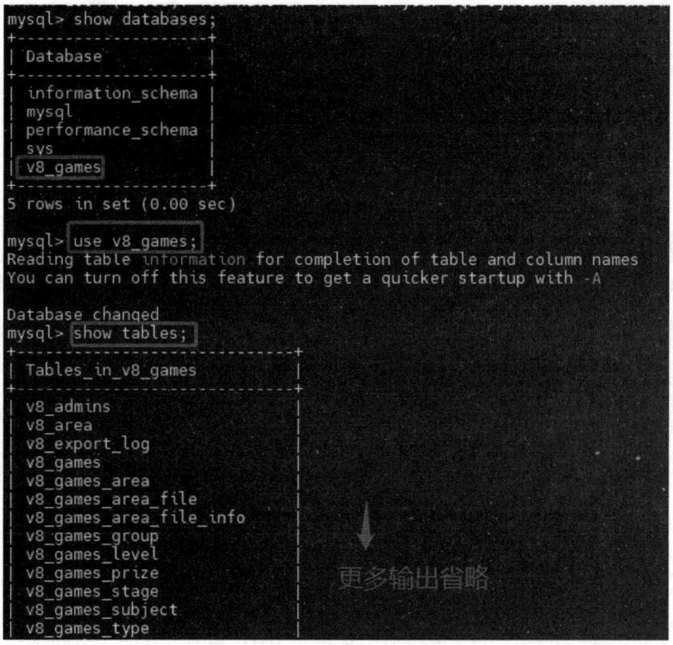

```
mysql> show databases;
+--------------------+
| Database           |
+--------------------+
| information_schema |
| mysql              |
| performance_schema |
| sys                |
| v8_games           |
+--------------------+
5 rows in set (0.00 sec)

mysql> use v8_games;
Reading table information for completion of table and column names
You can turn off this feature to get a quicker startup with -A

Database changed
mysql> show tables;
+----------------------------+
| Tables_in_v8_games         |
+----------------------------+
| v8_admins                  |
| v8_area                    |
| v8_export_log              |
| v8_games                   |
| v8_games_area              |
| v8_games_area_file         |
| v8_games_area_file_info    |
| v8_games_group             |
| v8_games_level             |
| v8_games_prize             |
| v8_games_stage             |
| v8_games_subject           |
| v8_games_type              |
```


图 7-7

注意：大部分情况下，如果主库存在用户数据库，需要从主库用“mysqldump”导出数据，将导出的数据（通常是 SQL 文本文件）导入从库，然后再手动执行主从数据同步。

7.3 MySQL 读写分离代理

笔者亲自试过的开源 MySQL 读写分离工具有 Amoeba、MySQL Proxy、Mycat 等，经过仔细测试对比，在某个实际项目中选用 Mycat 作为 MySQL 数据库读写分离的代理工具。Mycat 当前的最新版本为 Mycat 2，可从 http://dl.mycat.org.cn/2.0/install-template 获得下载包。

7.3.1 安装 Mycat 2 到系统

Mycat 需要依赖 Java，因此需要在读写分离代理所在的系统预先安装 Java，并在环境变量配置中设置 JAVA_HOME。关于 Java 的安装设置，参见本书 6.5.1 节“安装 Tomcat”相关内容，这里不再重复。

如果 Mycat 所在的宿主操作系统版本比较新，比如 Rocky 9 或者 CentOS Stream 9，采用包管理工具（yum/dnf）便捷安装 Java，需要执行的操作如下：

```
# 安装jdk及jre
yum install java-11-openjdk java-11-openjdk-devel
```

执行完安装，将自动生成目录"/usr/lib/jvm"，切换到此目录，查看其子目录（如图 7-8 所示），以确定在环境变量中如何设置"JAVA_HOME"及"JRE_HOME"。

图 7-8

根据目录结构，很容易就可以将与 JAVA 相关的环境变量设置完成。用文本编辑器，将以下四行文本追加到文件"/etc/profile"尾部。

```
export JAVA_HOME=/usr/lib/jvm/java
export JRE_HOME=/usr/lib/jvm/jre
export CLASS_PATH=.:$JAVA_HOME/lib/dt.jar:$JAVA_HOME/lib/tools.jar:$JRE_HOME/lib
export PATH=$PATH:$JAVA_HOME/bin:$JRE_HOME/bin
```

执行"source /etc/profile"，是设置在当前 Shell 会话立即生效，或者退出终端，再次登录，也是一样的效果。

Mycat 需要下载两个包：一个是安装包；另一个是依赖的 jar 包。Mycat 可以在官网与"github.com"下载，笔者建议在官网进行下载。

下载安装包的地址：http://dl.mycat.org.cn/2.0/install-template/mycat2-install-template-1.21.zip。

下载依赖的 jar 包地址：http://dl.mycat.org.cn/2.0/1.21-release/mycat2-1.21-release-jar-with-dependencies-2022-5-9.jar。

下载的 zip 压缩包，用 unzip 解压后，将其移动到目录"/usr/local"中，并重命名为"mycat"。具体的命令如下：

```
[root@rocky114 ~]# unzip mycat2-install-template-1.21.zip -d /usr/local/
Archive:  mycat2-install-template-1.21.zip
   creating: /usr/local/mycat/
   creating: /usr/local/mycat/bin/
  inflating: /usr/local/mycat/bin/mycat
```

```
   inflating: /usr/local/mycat/bin/mycat.bat
   inflating: /usr/local/mycat/bin/wrapper-aix-ppc-32
   inflating: /usr/local/mycat/bin/wrapper-aix-ppc-64
   inflating: /usr/local/mycat/bin/wrapper-hpux-parisc-64
…………..更多的输出省略……………………………………
```

为简化输入，可将系统环境变量文件“/etc/profile”最后一行的内容追加到 Mycat 安装目录的可执行文件所在绝对路径上，更新后的“/etc/profile”文件最后一行的完整内容为：

```
export PATH=$PATH:/usr/local/mycat/bin:$JAVA_HOME/bin:$JRE_HOME/bin
```

再次执行指令“source /etc/profile”使设置立即生效。

将下载的“mycat2-1.21-release-jar-with-dependencies-2022-5-9.jar”文件，原样移动或者复制到目录“/usr/local/mycat/lib”中。

到目前为止，安装的步骤基本上算是完成了，任意命令行下执行指令“mycat -h”，验证安装的正确性，命令的输出如图 7-9 所示。

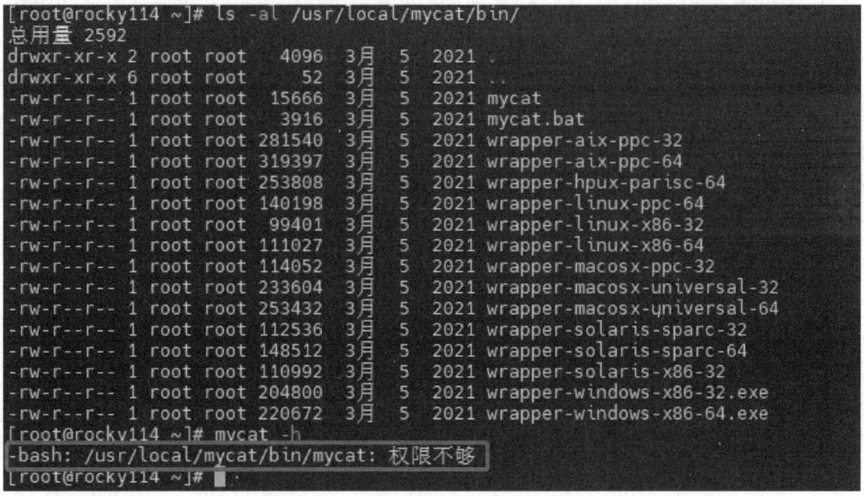

```
[root@rocky114 ~]# ls -al /usr/local/mycat/bin/
总用量 2592
drwxr-xr-x 2 root root   4096  3月  5  2021 .
drwxr-xr-x 6 root root     52  3月  5  2021 ..
-rw-r--r-- 1 root root  15666  3月  5  2021 mycat
-rw-r--r-- 1 root root   3916  3月  5  2021 mycat.bat
-rw-r--r-- 1 root root 281540  3月  5  2021 wrapper-aix-ppc-32
-rw-r--r-- 1 root root 319397  3月  5  2021 wrapper-aix-ppc-64
-rw-r--r-- 1 root root 253808  3月  5  2021 wrapper-hpux-parisc-64
-rw-r--r-- 1 root root 140198  3月  5  2021 wrapper-linux-ppc-64
-rw-r--r-- 1 root root  99401  3月  5  2021 wrapper-linux-x86-32
-rw-r--r-- 1 root root 111027  3月  5  2021 wrapper-linux-x86-64
-rw-r--r-- 1 root root 114052  3月  5  2021 wrapper-macosx-ppc-32
-rw-r--r-- 1 root root 233604  3月  5  2021 wrapper-macosx-universal-32
-rw-r--r-- 1 root root 253432  3月  5  2021 wrapper-macosx-universal-64
-rw-r--r-- 1 root root 112536  3月  5  2021 wrapper-solaris-sparc-32
-rw-r--r-- 1 root root 148512  3月  5  2021 wrapper-solaris-sparc-64
-rw-r--r-- 1 root root 110992  3月  5  2021 wrapper-solaris-x86-32
-rw-r--r-- 1 root root 204800  3月  5  2021 wrapper-windows-x86-32.exe
-rw-r--r-- 1 root root 220672  3月  5  2021 wrapper-windows-x86-64.exe
[root@rocky114 ~]# mycat -h
-bash: /usr/local/mycat/bin/mycat: 权限不够
[root@rocky114 ~]#
```

图 7-9

提示权限不够，需要用指令“chmod -R +x /usr/local/mycat/bin”进行赋权，再执行就不会报错了，如图 7-10 所示。

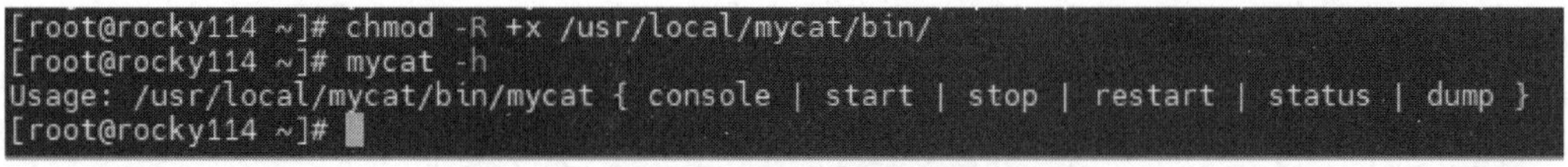

```
[root@rocky114 ~]# chmod -R +x /usr/local/mycat/bin/
[root@rocky114 ~]# mycat -h
Usage: /usr/local/mycat/bin/mycat { console | start | stop | restart | status | dump }
[root@rocky114 ~]#
```

图 7-10

7.3.2 配置 Mycat 读写分离

Mycat 2 读写分离配置可分为：创建数据库连接账号、启动 Mycat 2 与读写分离配置等步骤，接下来一一进行介绍。

1. 创建 Mycat 2 工作所必需的账号

启动 Mycat 2 服务，需要有真实的数据库服务器支撑才能运行，因此，需要在 MySQL 服务器（其他被 Mycat 2 支持的数据库也如此）创建账号并给账号授权，然后在 Mycat 2 所在的宿主系统在 MySQL 客户端用创建好的账号进行远程连接，验证账号的有效性和正确性。

在前边的章节，我们已经做好了 MySQL 数据库间的主从同步，因此创建 Mycat 2 所需账号的操作只需也只能在主数据库上进行，具体的指令如下：

```
mysql> create user 'mycat'@'172.16.35.%' identified by 'dwue$Gs3';
mysql> grant all on *.* to 'mycat'@'172.16.35.%';
mysql>flush privileges;
```

切换到 Mycat 2 所在的宿主系统，用刚创建好的账户远程登录 MySQL 主数据库，具体的指令如下：

```
[root@mycat116 ~]# mysql -h 172.16.35.113 -u mycat -p
Enter password:
Welcome to the MySQL monitor.Commands end with; or \g.
Your MySQL connection id is 439
Server version: 8.0.28 MySQL Community Server - GPL

Copyright (c) 2000, 2022, Oracle and/or its affiliates.

Oracle is a registered trademark of Oracle Corporation and/or its
affiliates. Other names may be trademarks of their respective owners.

Type 'help;' or '\h' for help. Type '\c' to clear the current input
statement.
```

2. 启动 Mycat 2

与 Mycat 1.X 版本相比，Mycat 2 的配置基本不需要手动去修改配置文件，而是可以在 Mycat 2 启动之后，登录 Mycat 管理后台，用 SQL 指令或客户端工具进行配置。在启动 Mycat 2 之前，需要对原型库的数据源做相应的修改，修改项主要是主数据库的连接信息，一个完整的修改过的原型数据源文件"/usr/local/mycat/conf/datasources/prototypeDs.datasource.json"的内容如下：

```
{
        "dbType":"mysql",
        "idleTimeout":60000,
        "initSqls":[],
        "initSqlsGetConnection":true,
        "instanceType":"READ_WRITE",
        "maxCon":1000,
        "maxConnectTimeout":3000,
        "maxRetryCount":5,
        "minCon":1,
        "name":"prototypeDs",
        "password":"dwue$Gs3",
        "type":"JDBC",
        "url":"jdbc:mysql://172.16.35.113:3306/mysql?useUnicode=true&serverTimezone=Asia/Shanghai&characterEncoding=UTF-8",
        "user":"mycat",
        "weight":0
}
```

说明：被修改过的内容，以粗体字显示。

因为已经对系统变量做了设置，所以在任意路径执行"mycat start"就可以启动 Mycat 2。在 Mycat 2 的安装目录"/usr/local/mycat"下，存在目录"logs"，打开此目录中的日志文件"wrapper.log"，可以了解 Mycat 2 服务的运行状况，如图 7-11 所示。

图 7-11

关闭 Mycat 2 所在宿主系统的防火墙，在任意远端系统命令行下，用 MySQL 客户端工具连接 Mycat 的服务端口 TCP 8066，用户名与密码在配置文件"/usr/local/mycat/conf/users/ root.user.json"中获取（如图 7-12 所示）。为安全起见，建议修改用户名（由 root 改成 root888）及密码。

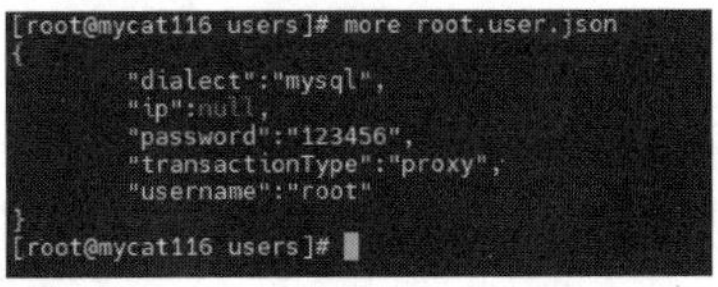

图 7-12

Linux 中，用命令行连接 Mycat 管理后台的指令为"mysql -h 172.16.35.116 -u mycat -P8066 -p"，输入密码，进入用户交互界面（如图 7-13 所示），表明 Mycat 2 运行正常，可在次交互界面进行读写分离配置。

```
[root@rocky115 ~]# mysql -h 172.16.35.116 -u mycat -P 8066 -p
Enter password:
Welcome to the MySQL monitor.  Commands end with ; or \g.
Your MySQL connection id is 0
Server version: 5.7.33-mycat-2.0 MySQL Community Server - GPL

Copyright (c) 2000, 2022, Oracle and/or its affiliates.

Oracle is a registered trademark of Oracle Corporation and/or its
affiliates. Other names may be trademarks of their respective
owners.

Type 'help;' or '\h' for help. Type '\c' to clear the current input statement.

mysql>
```

图 7-13

需要注意的是，这个连接账号，并非 MySQL 主数据库所创建的账号"mycat"，为了区别，也可以将其改成其他名称，并不会影响连接 Mycat 2。

如果 Mycat 客户端的宿主系统是 Windows，可下载、安装"Navicat for MySQL"图形管理工具（商业软件，需要授权），对 Mycat 2 进行远程连接并进行操作管理，如图 7-14 所示。

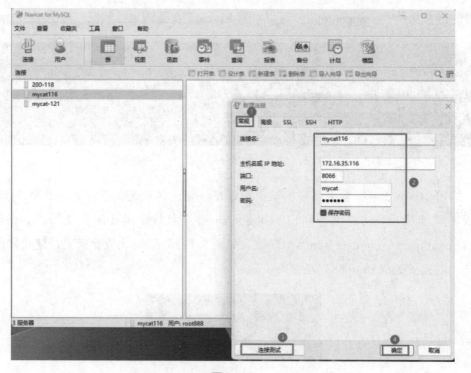

图 7-14

3. Mycat 2 配置读写分离

有两种配置 MySQL 读写分离的方法：一种是直接在 Mycat 的配置目录“/usr/local/mycat/conf”的子目录编辑相关的文本文件（Mycat1.x 版本只用这种方法）；另一种登录到 Mycat 交互界面，用特殊语法的 SQL 命令进行配置。本书采用第二种方法，直接在 Mycat 的交互界面输入命令。

第一步：Mycat 增加数据源。需要正确输入的数据包括：MySQL 主从数据库的 IP 地址、数据库库名（schema）、数据库账号、数据库密码（生产数据库请使用复杂密码）、实例类型（READ_WRITE 或 READ）。下面是添加一个主库源和两个从库源的具体指令：

```
# 添加主库 172.16.35.113，实例类型为 READ_WRITE ####################
mysql> /*+ mycat:createDataSource{ "name":"master","url":"jdbc:mysql:
//172.16.35.113:3306/v8_games","instanceType":"READ_WRITE","user":
"sery","password":"123123"} */;
Query OK, 0 rows affected (0.35 sec)

# 添加从库 172.16.35.114、172.16.35.117 ，实例类型为 READ#############
mysql> /*+ mycat:createDataSource{ "name":"slave114","url":"jdbc:mysql:
//172.16.35.114:3306/v8_games","instanceType":"READ","user":"sery",
"password":"123123"} */;
Query OK, 0 rows affected (0.35 sec)

mysql> /*+ mycat:createDataSource{ "name":"slave114","url":"jdbc:mysql:
//172.16.35.117:3306/v8_games","instanceType":"READ","user":"sery",
"password":"123123"} */;
Query OK, 0 rows affected (0.01 sec)
```

上述 SQL 语句是以“/*+”开头，以“*/;”结尾，可以写成一整行执行（如图 7-15 所示），可以按回车键多行输入，读者可根据自己的习惯自行决定。

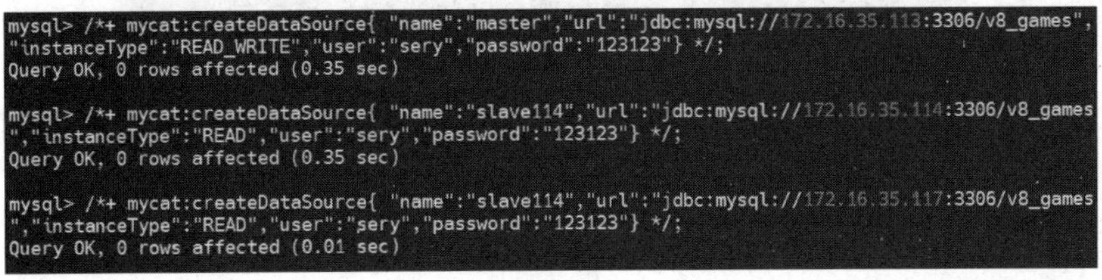

```
mysql> /*+ mycat:createDataSource{ "name":"master","url":"jdbc:mysql://172.16.35.113:3306/v8_games","instanceType":"READ_WRITE","user":"sery","password":"123123"} */;
Query OK, 0 rows affected (0.35 sec)

mysql> /*+ mycat:createDataSource{ "name":"slave114","url":"jdbc:mysql://172.16.35.114:3306/v8_games","instanceType":"READ","user":"sery","password":"123123"} */;
Query OK, 0 rows affected (0.35 sec)

mysql> /*+ mycat:createDataSource{ "name":"slave114","url":"jdbc:mysql://172.16.35.117:3306/v8_games","instanceType":"READ","user":"sery","password":"123123"} */;
Query OK, 0 rows affected (0.01 sec)
```

图 7-15

正确执行完上面三条 SQL 语句以后，在目录“/usr/local/mycat/conf/datasources”下自动生成三个文本文件，文件名以已经执行的 SQL 语句中“name”的键值做前缀，如图 7-16 所示。

```
[root@mycat116 datasources]# pwd
/usr/local/mycat/conf/datasources
[root@mycat116 datasources]# ll
总用量 16
-rw-r--r-- 1 root root 525  6月  14 14:56 master.datasource.json
-rw-r--r-- 1 root root 421  6月  13 17:12 prototypeDs.datasource.json
-rw-r--r-- 1 root root 521  6月  14 14:56 slave114.datasource.json
-rw-r--r-- 1 root root 521  6月  14 14:56 slave117.datasource.json
[root@mycat116 datasources]#
```

图 7-16

如果上述 SQL 语句输入的字符串有错误，可以登录 Mycat 2 宿主系统，用编辑器直接修改字段值。更进一步，对所执行的 SQL 添加的源不满意，打算修正某些字串值重新执行 SQL 语句，比较直接的办法是执行 "mycat stop" 指令停止 Mycat 2，然后删除与之对应的数据源文件，再重启 Mycat 2，远程客户端重新连接 Mycat 2 再次执行 SQL 语句。

第二步：创建 Mycat 集群。在本案例中，集群成员包括一个主库与两个从库。根据业务场景，也可以创建多个集群，充分、有效地利用系统资源。创建 Mycat 集群的 SQL 语句如下：

```
mysql> /*! mycat:createCluster{"name":"cls01","masters":["master"],
"replicas":["slave114","slave117"],"switchType":"NOT_SWITCH"} */;
Query OK, 0 rows affected (0.03 sec)
```

上述 SQL 语句执行完以后，将在目录 "/usr/local/mycat/conf/clusters" 中自动生成 Mycat 集群配置文件 "cls01.cluster.json"，其完整内容如图 7-17 所示。

```
[root@mycat116 clusters]# pwd
/usr/local/mycat/conf/clusters
[root@mycat116 clusters]# ll
总用量 8
-rw-r--r-- 1 root root 341  6月  14 16:04 cls01.cluster.json
-rw-r--r-- 1 root root 289  6月  12 18:07 prototype.cluster.json
[root@mycat116 clusters]# more cls01.cluster.json
{
    "clusterType":"MASTER_SLAVE",
    "heartbeat":{
        "heartbeatTimeout":1000,
        "maxRetryCount":3,
        "minSwitchTimeInterval":300,
        "showLog":false,
        "slaveThreshold":0.0
    },
    "masters":[
        "master"          ← 映射主库
    ],
    "maxCon":2000,
    "name":"cls01",
    "readBalanceType":"BALANCE_ALL",
    "replicas":[
        "slave114",        ← 映射从库
        "slave117"
    ],
    "switchType":"NOT_SWITCH"
```

图 7-17

第三步：创建 Mycat 逻辑数据库。这一步是关键，需要将已经创建好的集群名称、MySQL 物理数据库名称（schema）等信息一一对应。在创建逻辑库之前，先在 Mycat 交互界面执行数据库查询，看是否存在其他用户数据库，正常情况下，应该不存在其他用户数据库，查询过程及输出应该如图 7-18 所示。

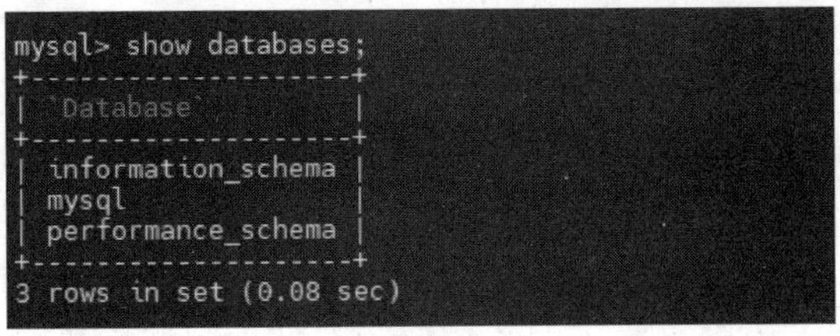

```
mysql> show databases;
+--------------------+
| Database           |
+--------------------+
| information_schema |
| mysql              |
| performance_schema |
+--------------------+
3 rows in set (0.08 sec)
```

图 7-18

创建逻辑库的具体指令如下：

```
mysql> /*+ mycat:createSchema{ "schemaName":"v8_games","targetName":
"cls01"} */;
Query OK, 0 rows affected (0.27 sec)
```

执行完这条 SQL 语句以后，再来查看创建的逻辑库"v8_games"是否与物理数据库相关联？在物理数据库"v8_games"中，已经存在很多数据表，如果在 Mycat 交互界面，能查询到这些表单（如图 7-19 所示），就表明 Mycat 的逻辑库与 MySQL 物理库正确进行了关联。

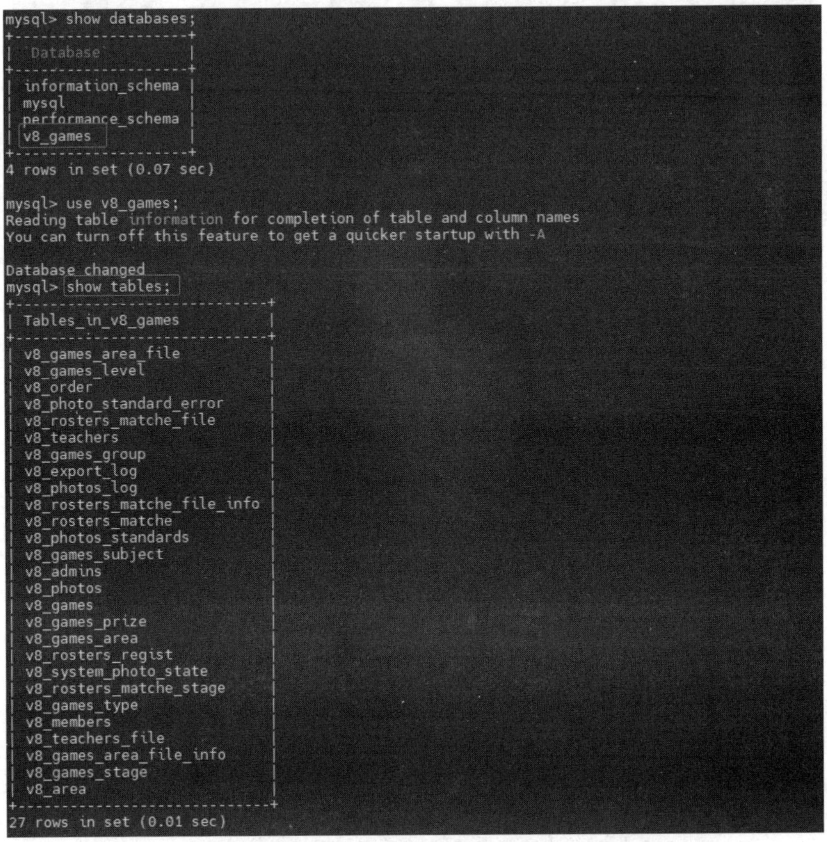

```
mysql> show databases;
+--------------------+
| Database           |
+--------------------+
| information_schema |
| mysql              |
| performance_schema |
| v8_games           |
+--------------------+
4 rows in set (0.07 sec)

mysql> use v8_games;
Reading table information for completion of table and column names
You can turn off this feature to get a quicker startup with -A

Database changed
mysql> show tables;
+--------------------------+
| Tables_in_v8_games       |
+--------------------------+
| v8_games_area_file       |
| v8_games_level           |
| v8_order                 |
| v8_photo_standard_error  |
| v8_rosters_matche_file   |
| v8_teachers              |
| v8_games_group           |
| v8_export_log            |
| v8_photos_log            |
| v8_rosters_matche_file_info |
| v8_rosters_matche        |
| v8_photos_standards      |
| v8_games_subject         |
| v8_admins                |
| v8_photos                |
| v8_games                 |
| v8_games_prize           |
| v8_games_area            |
| v8_rosters_regist        |
| v8_system_photo_state    |
| v8_rosters_matche_stage  |
| v8_games_type            |
| v8_members               |
| v8_teachers_file         |
| v8_games_area_file_info  |
| v8_games_stage           |
| v8_area                  |
+--------------------------+
27 rows in set (0.01 sec)
```

图 7-19

7.3.3 Mycat 读写分离功能验证

1. 验证 MySQL 从数据库只读功能

关闭所有 MySQL 从数据库，仅保留主库可访问。登录 Mycat 客户端，交互界面执行简单数据表查询。可以看到用户数据库与数据表，但是执行查询操作没成功，如图 7-20 所示。

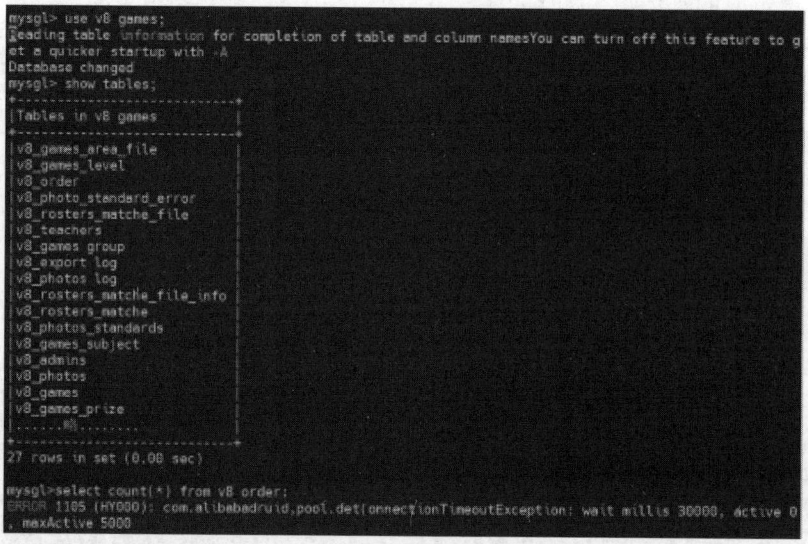

图 7-20

启动任意从库，再登录到 Mycat 交互界面，执行同样的查询操作，可以得到正确的结果，如图 7-21 所示。

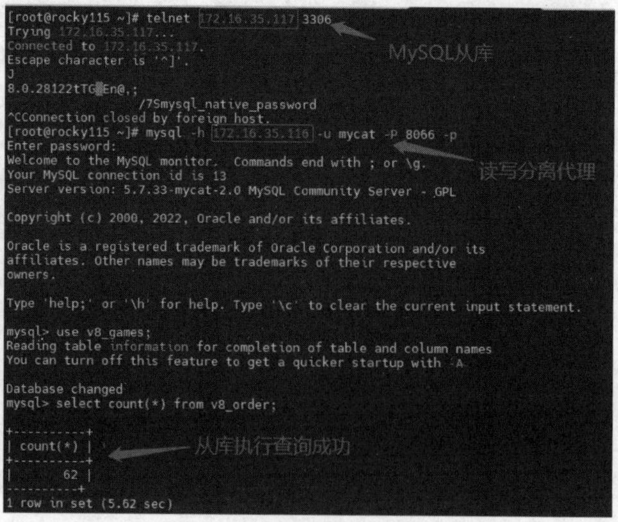

图 7-21

通过上述对比测试，证明了设置的正确性：查询操作确实被分配到 MySQL 从数据库进行。

2. 验证 MySQL 主数据库写入功能

关闭 MySQL 主数据库，同时将剩下的两个从数据库运行起来，然后在 Mycat 2 的交互界面创建用户数的数据表。这个写入操作不会成功，在 Mycat 2 的日志文件“logs/wrapper.log”中立即就有错误信息写入，如图 7-22 所示。

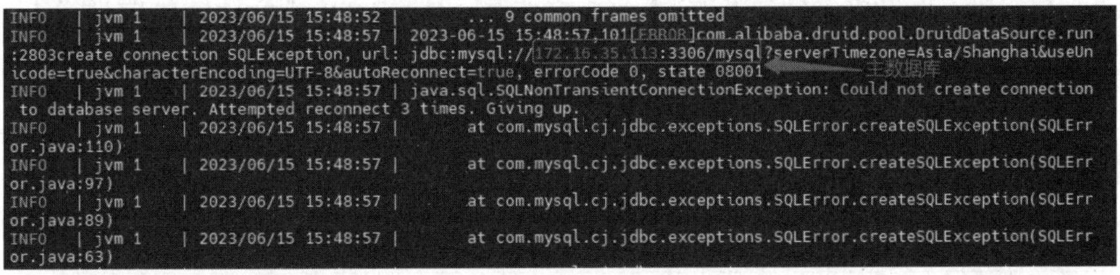

```
INFO   | jvm 1    | 2023/06/15 15:48:52 |         ... 9 common frames omitted
INFO   | jvm 1    | 2023/06/15 15:48:57 | 2023-06-15 15:48:57,101[ERROR]com.alibaba.druid.pool.DruidDataSource.run
:2803create connection SQLException, url: jdbc:mysql://172.16.35.113:3306/mysql?serverTimezone=Asia/Shanghai&useUn
icode=true&characterEncoding=UTF-8&autoReconnect=true, errorCode 0, state 08001
INFO   | jvm 1    | 2023/06/15 15:48:57 | java.sql.SQLNonTransientConnectionException: Could not create connection
 to database server. Attempted reconnect 3 times. Giving up.
INFO   | jvm 1    | 2023/06/15 15:48:57 |         at com.mysql.cj.jdbc.exceptions.SQLError.createSQLException(SQLErr
or.java:110)
INFO   | jvm 1    | 2023/06/15 15:48:57 |         at com.mysql.cj.jdbc.exceptions.SQLError.createSQLException(SQLErr
or.java:97)
INFO   | jvm 1    | 2023/06/15 15:48:57 |         at com.mysql.cj.jdbc.exceptions.SQLError.createSQLException(SQLErr
or.java:89)
INFO   | jvm 1    | 2023/06/15 15:48:57 |         at com.mysql.cj.jdbc.exceptions.SQLError.createSQLException(SQLErr
or.java:63)
```


图 7-22

启动 MySQL 主数据，重新远程连接 Mycat 代理，继续在用户数据库“v8_games”下执行数据表（student）的创建，立即可以执行成功，如图 7-23 所示。

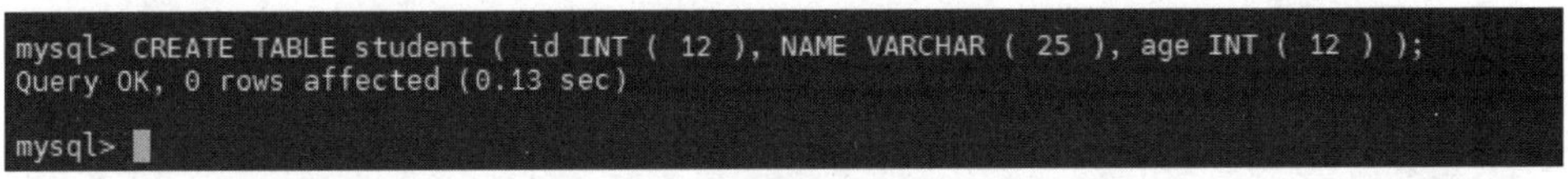

```
mysql> CREATE TABLE student ( id INT ( 12 ), NAME VARCHAR ( 25 ), age INT ( 12 ) );
Query OK, 0 rows affected (0.13 sec)

mysql>
```

图 7-23

直接登录任意 MySQL 从数据库，查看刚才创建的数据表（student.v8_games）应该被真正生成并被同步到从数据库，如图 7-24 所示。

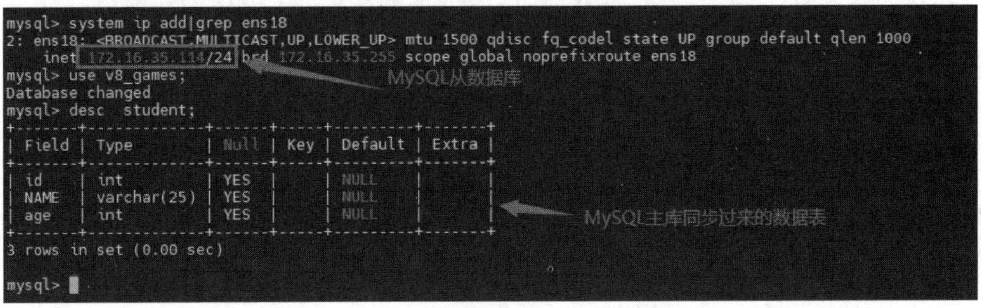

```
mysql> system ip add|grep ens18
2: ens18: <BROADCAST,MULTICAST,UP,LOWER_UP> mtu 1500 qdisc fq_codel state UP group default qlen 1000
    inet 172.16.35.114/24 brd 172.16.35.255 scope global noprefixroute ens18
mysql> use v8_games;
Database changed
mysql> desc  student;
+-------+-------------+------+-----+---------+-------+
| Field | Type        | Null | Key | Default | Extra |
+-------+-------------+------+-----+---------+-------+
| id    | int         | YES  |     | NULL    |       |
| NAME  | varchar(25) | YES  |     | NULL    |       |
| age   | int         | YES  |     | NULL    |       |
+-------+-------------+------+-----+---------+-------+
3 rows in set (0.00 sec)

mysql>
```


图 7-24

通过上述对比测试，确认了通过 Mycat 代理只能对 MySQL 进行写入操作。

因为要在 Mycat 层面实现负载均衡，因此，需要将其他主机也部署好 Mycat 并实现 MySQL 数据库的读写分离。在 Promxox VE 超融合平台中，这个操作易如反掌，对已经验证实现 MySQL 读写分离功能的主机直接克隆出另外一个主机，启动系统后，控制台登录修改主机名、IP 地址等，重启系统就可以直接使用。

7.4 读写分离代理 Mycat 负载均衡集群

不论前端采用的负载均衡器是 HAProxy 还是 Nginx，都建议单独写一个配置文件。Nginx 以 "include" 包含的形式加载子配置，HAProxy 则是直接在选项 "-f" 后加载所有需要的配置文件。这里，我们以 HAProxy 为例，来简单介绍 Mycat 负载均衡的实现。

在负载均衡器所在的宿主系统，文本编辑器创建文件 "/etc/haproxy/mycat.cfg"，并添加如下文本行：

```
frontend mycat
    mode tcp
    bind *:8066
    option tcplog
    log global
    default_backend mycat_lb

backend mycat_lb
    mode tcp
    balance source
    server app113 172.16.35.116:8066 check
    server app114 172.16.35.119:8066 check
```

保存配置文件，并用命令 "haproxy -f /etc/haproxy -c" 进行语法检查。无误后，将 HAProxy 控制权交给 Keepalived，从而实现 MySQL 数据库主从复制、读写分离、负载均衡全部功能。

7.5 杂项

1. Mycat 2 与 Mycat 1 两种版本差异大

本章的重点在于 Mycat 实现 MySQL 数据库的读写分离（主库写入数据、从库查询数据）与从数据库之间的负载均衡。Mycat 官方发布了两个大的版本：Mycat 1.X 及 Mycat 2.X。两个版本的配置文件的风格差异极大，Mycat 1.X 用的配置文件格式为 "XML"，而 Mycat 2.X 则是 "JSON"。从文件格式上评判，Mycat 2.X 配置文件的易读性更友好。同时 Mycat 2.X 根据对象角色，将配置拆分，分布在不同的路径之下。即便如此，当我们用注释性 SQL 语句对 Mycat 2.X 进行配置时，无须特别关心这些配置文件所在的位置。

Mycat 2.X 的账号权限控制精细度不如 Mycat 1.X。一般情况下，物理数据库可能存在多个用户数据库（schema），为安全起见，每个库可能会单独授权给不同的用户，客户端代码里就不会出现用"root"账号与数据库相连的糟糕做法。Mycat 1.X 配置文件可以定义多个不同的账号，这些账号可以与 MySQL 数据库的真实账号对应，从而实现不同的账号连接不同的数据库。笔者曾经在 Mycat 2.X 下创建用户，并且做好了映射关系，但当用"mysql -h mycat_ip -u username -P 8066 -p"进行登录时，居然无须密码，而且可以看到所有的用户数据库。那么，应用程序端数据库连接字串没有密码，这是很危险的事情。

2. 开发语言链接 Mycat 代理时需要注意的地方

Python 与 MySQL 读写分离代理 Mycat 2 相连接时（也就是间接方式与 MySQL 数据库相连），用"cymysql"可能会不理想，建议用"pymysql"代替。

第 8 章 MongoDB 负载均衡集群

MongoDB 是一种流行的 NoSQL 数据库，具有灵活的文档模型和良好的水平扩展能力，适用于处理大规模数据和高并发访问的应用。但是，随着应用程序数据量的增加，单个 MongoDB 节点可能无法有效地存储和管理海量数据。同时，一些应用需要处理大量的并发读写请求，单个 MongoDB 也无法提供更好的响应性能，并且，在单个 MongoDB 上运行的数据库可能会因为硬件损坏、网络问题等出现故障。要解决这些问题，我们只需要构建 MongoDB 负载均衡集群即可。

MongoDB 负载均衡集群是一种由多个 MongoDB 节点组成的集群，旨在通过分布式存储和负载均衡技术来提高 MongoDB 数据库的性能、可扩展性和可用性。本章会重点介绍 Mongos 分片服务 Shard 集群、路由集群、MongoDB 数据分片、集群权限和认证以及集群容量扩充与缩减等 MongoDB 核心负载均衡技术，总之，MongoDB 的负载均衡集群为企业带来了更高的性能、可用性和扩展性，同时能够降低风险和成本，并适应不同业务需求的变化。这对于现代企业的数据库架构是非常有价值的。

MongoDB 自身可组成分片加复制的集群，在这个集群的前端加上负载均衡器（比如"HAProxy + Keepalived"），就可组建成一个无单点故障、十分完美的高可用负载均衡集群（如图 8-1 所示）。

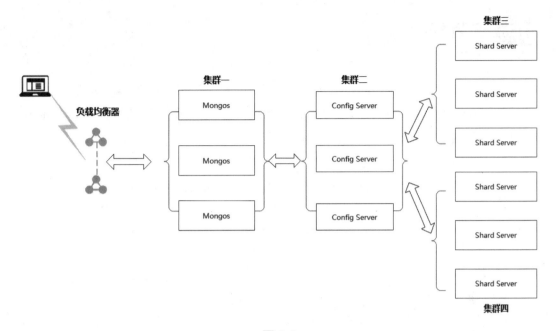

图 8-1

整个 MongoDB 高可用体系结构中，存在四个应用集群：入口路由集群"Mongos"、配置集群"Config Server"、分片集群 1、分片集群 2。

入口路由集群"Mongos"由负载均衡器来实现高可用及负载均衡功能。

配置集群"Config Server"的高可用及负载均衡有 MongoDB 自身功能实现。

分片集群至少由两组集群组成，每一个分片集群是一个备份集，即每个单独的分片集群的节点所保存的数据是一致的。多个分片集群，由配置服务"Config Server"提供负载分发，分片集群本身的高可用性由 MongoDB 自身功能实现。

一个可用于生产环境的 MongoDB 高可用集群，除了负载均衡外，至少需要 12 个单元运行这些服务。看起来单元数量很多，但对系统的配置要求不高，比如路由集群 Mongos 和配置集群"Config Server"。虽然可以在一个操作系统上运行多个 MongoDB 实例（不同的端口区分不同的功能），但还是建议一个系统一个实例，这样便于维护与扩容。将所有运行 MongoDB 实例的系统，部署在 Proxmox VE 超融合集群平台，那就更有优势，比容器部署、管理都方便。因为仅需在虚拟机系统安装 MongoDB，并做好基础的配置，然后以此做克隆，快速生成所需的运行单元。

8.1 安装 MongoDB

MongoDB 支持多种 Linux 发行版包管理器进行安装，比如 Debian 的"apt"、Suse 的"zypper"、Rocky/CentOS 的"dnf/yum"等。笔者所采用的操作系统版本为 Rocky 9.2，包管理器自然就是"dnf/yum"了。

Rocky 9 默认情况下，执行指令"dnf install mongodb-org"是得不到期望的结果。用文本编辑器在目录"/etc/yum.repo.d"中创建文件"mongodb-org-6.0.repo"，其完整内容如下：

```
[mongodb-org-6.0]
name=MongoDB Repository
baseurl=https://repo.mongodb.org/yum/redhat/9Server/mongodb-org/6.0/x86_64/
gpgcheck=1
enabled=1
gpgkey=https://www.mongodb.org/static/pgp/server-6.0.asc
```

为保证软件仓库源的正确性，我们需要对文件"mongodb-org.repo"中的"baseurl"与"gpgkey"的设置做检查，比如用浏览器访问"baseurl"设定的地址，应该是真实存在的，如图 8-2 所示。

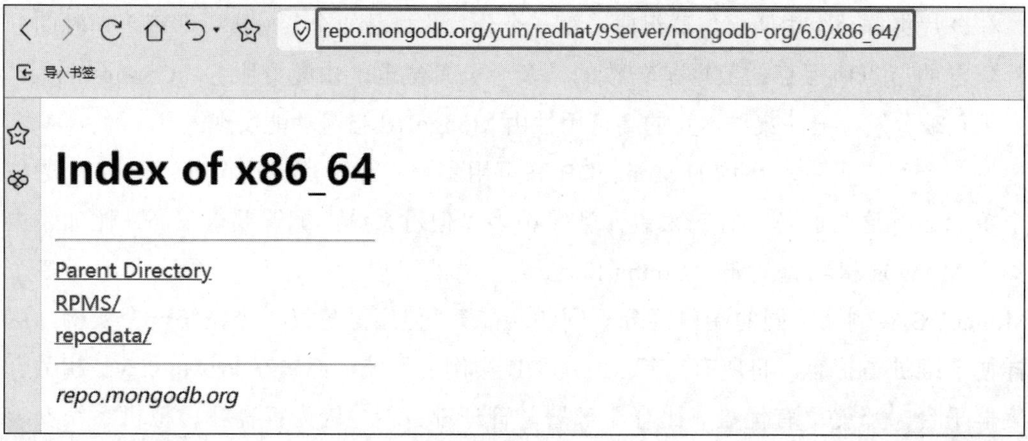

图 8-2

同样，用浏览器访问 https://www.mongodb.org/static/pgp/server-6.0.asc，也可获得正确的结果。

接下来，系统命令行执行"dnf install mongodb-org"，就应该可以进行 MongoDB 的安装，如图 8-3 所示。

```
[root@MongoDB-200-143 yum.repos.d]# dnf install mongodb-org
Last metadata expiration check: 2:38:58 ago on Mon 19 Jun 2023 09:53:01 AM CST.
Dependencies resolved.
================================================================================
 Package                          Architecture  Version         Repository           Size
================================================================================
Installing:
 mongodb-org                      x86_64        6.0.6-1.el9     mongodb-org-6.0      10 k
Installing dependencies:
 cyrus-sasl                       x86_64        2.1.27-21.el9   baseos               71 k
 cyrus-sasl-gssapi                x86_64        2.1.27-21.el9   baseos               26 k
 cyrus-sasl-plain                 x86_64        2.1.27-21.el9   baseos               23 k
 mongodb-database-tools           x86_64        100.7.2-1       mongodb-org-6.0      27 M
 mongodb-mongosh                  x86_64        1.10.0-1.el8    mongodb-org-6.0      43 M
 mongodb-org-database             x86_64        6.0.6-1.el9     mongodb-org-6.0      10 k
 mongodb-org-database-tools-extra x86_64        6.0.6-1.el9     mongodb-org-6.0      15 k
 mongodb-org-mongos               x86_64        6.0.6-1.el9     mongodb-org-6.0      21 M
 mongodb-org-server               x86_64        6.0.6-1.el9     mongodb-org-6.0      30 M
 mongodb-org-tools                x86_64        6.0.6-1.el9     mongodb-org-6.0      10 k

Transaction Summary
================================================================================
Install  11 Packages

Total download size: 122 M
Installed size: 501 M
Is this ok [y/N]: y
```

图 8-3

安装过程基本不会有错误出现，并且速度很快。安装完成以后，会在系统目录"/etc"中生成 MongoDB 所必需的配置文件"mongod.conf"。我们可直接对其修改进行相应配置，也可单独自建配置文件，在启动"mongod"服务时加选项"-f"进行显式指定。

登录 Proxmox VE 超融合集群 Web 管理后台，以安装好 MongoDB 的虚拟机为基础，克隆出其他所需的运行单元，如图 8-4 所示。

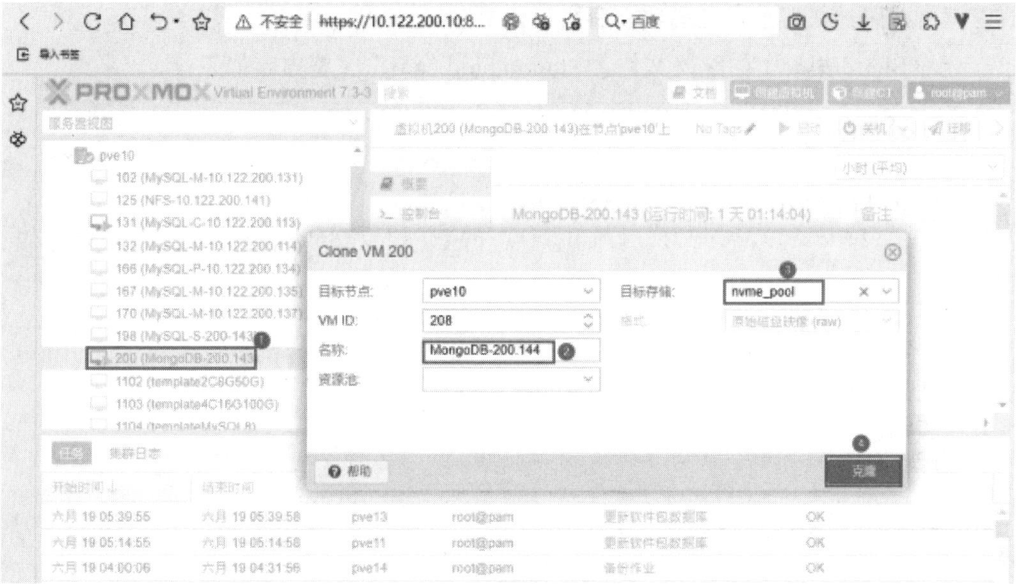

图 8-4

如果读者没有笔者这样的超融合集群平台，就挨个安装系统和 MongoDB。

8.2 分片服务 Shard 集群

分片集群是实际存储数据的设施，对集群的单个节点而言，存储空间与系统独立，在文件系统层面就是使用独立的分区（如图 8-5 所示）。分片 Shard 最少是两组集群，每组三个或更多节点。两组集群之间不会产生直接的联系，客户端的读写请求，调度到哪一组集群是由"Config Server"决定的。

```
[root@Mongodb-200-148 ~]# lsblk
NAME          MAJ:MIN RM  SIZE RO TYPE MOUNTPOINTS
sda             8:0    0   32G  0 disk
├─sda1          8:1    0    1G  0 part /boot
└─sda2          8:2    0   31G  0 part
  ├─rl-root   253:0    0 27.8G  0 lvm  /
  └─rl-swap   253:1    0  3.2G  0 lvm  [SWAP]
sdb             8:16   0   50G  0 disk        ← 分片数据存储空间
sr0            11:0    1  1.5G  0 rom
[root@Mongodb-200-148 ~]#
```

图 8-5

我们约定，MongoDB 分片的第一个集群的副本集的名称为"shard1"，第二个集群的副本集的名称为"shard2"。数据的实际存储路径为"/data/mongodb/data"，日志文件路径为"/data/mongodb/logs"。为调试和配置集群方便起见，MongoDB 暂时不设置管理员密码，集群节点之间暂不启用认证机制。

分片 Shard 集群 1 的配置文件"/etc/mongod.conf"完整内容如下：

```
# mongod.conf

# for documentation of all options, see:
#   http://docs.mongodb.org/manual/reference/configuration-options/

# where to write logging data.
systemLog:
  destination: file
  logAppend: true
  path: /data/mongodb/logs/mongod.log

# Where and how to store data.
storage:
  dbPath: /data/mongodb/data
  journal:
    enabled: true
```

```
engine:
wiredTiger:

# how the process runs
processManagement:
  timeZoneInfo: /usr/share/zoneinfo

# network interfaces
net:
  port: 27017
  bindIp: 0.0.0.0

#security:

replication:
replSetName: shard1
sharding:
clusterRole: shardsvr
```

将此配置同步到分片集群“shard1”中的其他节点，然后执行命令“systemctl start mongod”启动所有节点的 MongoDB 服务。启动过程没有任何错误信息输出，不一定代表正确启动，需要进一步验证。比如笔者启动的 MongoDB，就存在问题，没有被正确地启动运行，如图 8-6 所示。

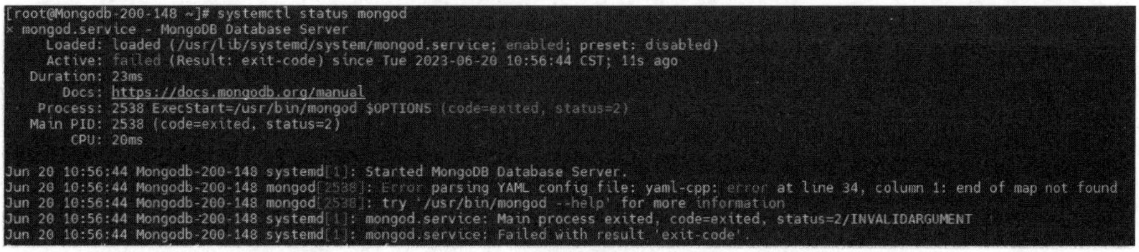
```
[root@Mongodb-200-148 ~]# systemctl status mongod
× mongod.service - MongoDB Database Server
     Loaded: loaded (/usr/lib/systemd/system/mongod.service; enabled; preset: disabled)
     Active: failed (Result: exit-code) since Tue 2023-06-20 10:56:44 CST; 11s ago
   Duration: 23ms
       Docs: https://docs.mongodb.org/manual
    Process: 2538 ExecStart=/usr/bin/mongod $OPTIONS (code=exited, status=2)
   Main PID: 2538 (code=exited, status=2)
        CPU: 20ms

Jun 20 10:56:44 Mongodb-200-148 systemd[1]: Started MongoDB Database Server.
Jun 20 10:56:44 Mongodb-200-148 mongod[2538]: Error parsing YAML config file: yaml-cpp: error at line 34, column 1: end of map not found
Jun 20 10:56:44 Mongodb-200-148 mongod[2538]: try '/usr/bin/mongod --help' for more information
Jun 20 10:56:44 Mongodb-200-148 systemd[1]: mongod.service: Main process exited, code=exited, status=2/INVALIDARGUMENT
Jun 20 10:56:44 Mongodb-200-148 systemd[1]: mongod.service: Failed with result 'exit-code'.
```

图 8-6

导致 MongoDB 启动失败的原因是配置文件书写格式错误，键与值之间需要一个空格占位，比如键“clusterRole: ”，冒号后需要输入一个空格，再输入值“shardsvr”。

还有一种情况也能导致“mongod”服务启动失败，那就是数据存储目录“/data/mongodb”的属主与属组需要修改成“mongod:mongod”，因为以包管理器安装的 MongoDB 启动服务是以普通账号（安装过程会自动生成系统普通账号）“mongod”来执行的。不要养成一看到权限问题，就用“chmod -R 777 dir”胡乱赋权的坏习惯。

确认分片集群“shard1”所有节点的 MongoDB 服务都正常启动以后，切换到这些节点的任意节点系统命令行，登录 MongoDB 交互界面，进行初始化操作，将所有节点组成一个集群，具体的命令如下：

```
[root@MongoDB-200-149 ~]# mongosh
Current Mongosh Log ID: 6491279f3770cc22c927a6b6
Connecting to:          mongodb://127.0.0.1:27017/?directConnection=true&serverSelectionTimeoutMS=2000&appName=mongosh+1.10.0
Using MongoDB:          6.0.6
Using Mongosh:          1.10.0

For mongosh info see: https://docs.mongodb.com/mongodb-shell/


To help improve our products, anonymous usage data is collected and sent to MongoDB periodically (https://www.mongodb.com/legal/privacy-policy).
You can opt-out by running the disableTelemetry() command.

------
   The server generated these startup warnings when booting
   2023-06-19T17:00:44.278+08:00: Access control is not enabled for the database. Read and write access to data and configuration is unrestricted
   2023-06-19T17:00:44.278+08:00: /sys/kernel/mm/transparent_hugepage/enabled is 'always'. We suggest setting it to 'never'
   2023-06-19T17:00:44.278+08:00: vm.max_map_count is too low
------

test> use admin
switched to db admin
shard1 [direct: primary] admin> rs.initiate({
...         _id:"shard1",
...         members:[
...         {_id:0,host:"10.122.200.148:27017",priority:1},
...         {_id:1,host:"10.122.200.149:27017",priority:1},
...         {_id:2,host:"10.122.200.150:27017",priority:1}
...     ]
... });
{ ok: 1 }
```

分片集群"shard1"创建完成后，继续在此交互界面执行指令"rs.status()"，查看刚创建好的分片集群"shard1"的运行状态，如图 8-7 所示。

```
shard1 [direct: other] admin> rs.status()
{
  set: 'shard1',
  date: ISODate("2023-06-20T07:53:36.667Z"),
  myState: 1,
  term: Long("1"),
  syncSourceHost: '',
  syncSourceId: -1,
  heartbeatIntervalMillis: Long("2000"),
  majorityVoteCount: 2,
  writeMajorityCount: 2,
  votingMembersCount: 3,
  writableVotingMembersCount: 3,
  optimes: {
    lastCommittedOpTime: { ts: Timestamp({ t: 1687247613, i: 1 }), t: Long("1") },
    lastCommittedWallTime: ISODate("2023-06-20T07:53:33.717Z"),
    readConcernMajorityOpTime: { ts: Timestamp({ t: 1687247613, i: 1 }), t: Long("1") },
    appliedOpTime: { ts: Timestamp({ t: 1687247613, i: 1 }), t: Long("1") },
    durableOpTime: { ts: Timestamp({ t: 1687247613, i: 1 }), t: Long("1") },
    lastAppliedWallTime: ISODate("2023-06-20T07:53:33.717Z"),
    lastDurableWallTime: ISODate("2023-06-20T07:53:33.717Z")
  },
  lastStableRecoveryTimestamp: Timestamp({ t: 1687247583, i: 1 }),
  electionCandidateMetrics: {
    lastElectionReason: 'electionTimeout',
    lastElectionDate: ISODate("2023-06-20T07:52:23.613Z"),
    electionTerm: Long("1"),
    lastCommittedOpTimeAtElection: { ts: Timestamp({ t: 1687247532, i: 1 }), t: Long("-1") },
    lastSeenOpTimeAtElection: { ts: Timestamp({ t: 1687247532, i: 1 }), t: Long("-1") },
    numVotesNeeded: 2,
    priorityAtElection: 1,
    electionTimeoutMillis: Long("10000"),
    numCatchUpOps: Long("0"),
    newTermStartDate: ISODate("2023-06-20T07:52:23.668Z"),
    wMajorityWriteAvailabilityDate: ISODate("2023-06-20T07:52:24.195Z")
  },
  members: [
    {
      _id: 0,
      name: '10.122.200.148:27017',
      health: 1,
      state: 1,
      stateStr: 'PRIMARY',
      uptime: 951,
      optime: { ts: Timestamp({ t: 1687247613, i: 1 }), t: Long("1") },
      optimeDate: ISODate("2023-06-20T07:53:33.000Z"),
      lastAppliedWallTime: ISODate("2023-06-20T07:53:33.717Z"),
      lastDurableWallTime: ISODate("2023-06-20T07:53:33.717Z"),
      syncSourceHost: '',
      syncSourceId: -1,
      infoMessage: 'Could not find member to sync from',
      electionTime: Timestamp({ t: 1687247543, i: 1 }),
      electionDate: ISODate("2023-06-20T07:52:23.000Z"),
      configVersion: 1,
      configTerm: 1,
      self: true,
      lastHeartbeatMessage: ''
    },
```
更多输出，省略

图 8-7

依照此法，将第二个分片集群"shard2"也创建好。

8.3 MongoDB 配置服务器"Config Server"集群

MongoDB 配置服务器集群"Config Server"节点配置文件，除了副本集名称（replSetName）与集群角色（clusterRole）不同之外，其他的设定与分片集群"shard1"完全相同。在这里，我们约定，集群副本集名字为"configcls"，而集群的角色指定为"configsvr"。注意，副本集的名称可以随意命名，而集群角色是有限定的。一个完整的配置服务器"Config Server"配置文件"/etc/mongodb.conf"的内容如下：

```
# mongod.conf

systemLog:
  destination: file
  logAppend: true
  path: /data/mongodb/logs/mongod.log

storage:
  dbPath: /data/mongodb/data
  journal:
    enabled: true
engine:
wiredTiger:

# how the process runs
processManagement:
  timeZoneInfo: /usr/share/zoneinfo

# network interfaces
net:
  port: 27017
  bindIp: 0.0.0.0

#security:

replication:
replSetName: configcls
sharding:
clusterRole: configsvr
```

启动配置集群"Config Server"所有节点的 MongoDB 服务"systemctl start mongod",确认 MongoDB 服务的监听地址没有绑定到接口"127.0.0.1"上。用 MongoDB 客户端工具"mongosh"登录,创建集群"configcls",具体的指令如下:

```
[root@MongoDB-200-147 ~]# mongosh  10.122.200.147
Current Mongosh Log ID: 64917e4587284270d42be6ec
Connecting to:          mongodb://10.122.200.147:27017/?directConnec
tion=true&appName=mongosh+1.10.0
Using MongoDB:          6.0.6
Using Mongosh:          1.10.0

------省略若干--------------------------------

test> use admin
```

```
switched to db admin
admin> rs.initiate({
...         _id:"configcls",
...         members:[
...              {_id:0,host:"10.122.200.154:27017",priority:1},
...              {_id:1,host:"10.122.200.147:27017",priority:1},
...              {_id:2,host:"10.122.200.143:27017",priority:1}
...         ]
... });
{ ok: 1, lastCommittedOpTime: Timestamp({ t: 1687256871, i: 1 }) }
```

集群建立起后，继续在交互界面执行"rs.status()"验证其正确性。

8.4 Mongos 路由集群

Mongos 路由本身不需要像分片"Shard"和配置"Config Sever"以副本集方式集群，多个 Mongos 节点由前端的负载均衡器（例如 HAProxy 或者 Nginx）一起组成高可用集群。Mongos 路由集群分三个大的步骤：单节点配置与配置集群的关联、单节点与分片集群的关联以及节点间的集群。

8.4.1 Mongos 路由与配置集群关联

编辑 Mongos 所在节点的配置文件"/etc/mongod.conf"，将配置服务集群"Config Server"添加到文件中，一个已经编辑好的"/etc/mongod.conf"文件的完整内容如下：

```
# mongod.conf

systemLog:
  destination: file
  logAppend: true
  path: /data/mongodb/logs/mongod.log

engine:
wiredTiger:

# how the process runs
processManagement:
  timeZoneInfo: /usr/share/zoneinfo
  fork: true
```

```
# network interfaces
net:
  port: 27017
  bindIp: 0.0.0.0


sharding:
  configDB: configcls/10.122.200.154: 27017,10.122.200.147:27017,10.12
2.200.143:27017
```

保存文件后，执行命令"mongos -f /etc/mongod.conf &"启动路由服务。注意，执行"systemctl start mongos"将不能成功，除非手动创建一个"systemd"服务。

用命令行指令"mongosh"验证路由服务"mongos"的正确性。客户端"mongosh"连接成功，会输出连接地址、MongoDB 版本信息等，然后进入交互界面，等待用户输入。

8.4.2 Mongos 路由与分片集群相关联

在运行正常的 Mongos 路由节点，以"mongosh"登录本地"mongos"，执行指令"sh.status()"查看一下路由初始状态，其输出如图 8-8 所示。

```
[direct: mongos] test> use admin
switched to db admin
[direct: mongos] admin> sh.status()
shardingVersion
{
  _id: 1,
  minCompatibleVersion: 5,
  currentVersion: 6,
  clusterId: ObjectId("64917f3156af61de36a929b7")
}
---
shards
[]          ← 空
---
active mongoses
[]
---
autosplit
{ 'Currently enabled': 'yes' }
---
balancer
{
  'Currently running': 'no',
  'Currently enabled': 'yes',
  'Failed balancer rounds in last 5 attempts': 0,
  'Migration Results for the last 24 hours': 'No recent migrations'
}
---
databases
[
  {
    database: { _id: 'config', primary: 'config', partitioned: true },
    collections: {}
  }
]
```

图 8-8

在 Mongos 客户端交互界面继续输入如下指令,将前边建立起来的两个分片"Shard"集群添加进来。

```
[direct: mongos] admin> sh.addShard("shard1/10.122.200.148:27017,10.122.200.149:27017,10.122.200.150:27017")
{
  shardAdded: 'shard1',
  ok: 1,
  '$clusterTime': {
    clusterTime: Timestamp({ t: 1687260112, i: 9 }),
    signature: {
      hash: Binary(Buffer.from("0000000000000000000000000000000000000000", "hex"), 0),
      keyId: Long("0")
    }
  },
  operationTime: Timestamp({ t: 1687260112, i: 9 })
}

[direct: mongos] admin> sh.addShard("shard2/10.122.200.151: 27017,10.122.200.152:27017,10.122.200.153:27017")
{
  shardAdded: 'shard2',
  ok: 1,
  '$clusterTime': {
    clusterTime: Timestamp({ t: 1687260132, i: 8 }),
    signature: {
      hash: Binary(Buffer.from("0000000000000000000000000000000000000000", "hex"), 0),
      keyId: Long("0")
    }
  },
  operationTime: Timestamp({ t: 1687260132, i: 8 })
}
```

上述指令执行完毕,就达到将路由与分片相关联的目的。这时,我们输入指令"sh.status()",查看其状态,应该有分片信息存在,如图 8-9 所示。

```
[direct: mongos] admin> sh.status()
shardingVersion
{
  _id: 1,
  minCompatibleVersion: 5,
  currentVersion: 6,
  clusterId: ObjectId("64917f3156af61de36a929b7")
}
---
shards
[
  {
    _id: 'shard1',
    host: 'shard1/10.122.200.148:27017,10.122.200.149:27017,10.122.200.150:27017',
    state: 1,
    topologyTime: Timestamp({ t: 1687260112, i: 6 })
  },
  {
    _id: 'shard2',
    host: 'shard2/10.122.200.151:27017,10.122.200.152:27017,10.122.200.153:27017',
    state: 1,
    topologyTime: Timestamp({ t: 1687260132, i: 6 })
  }
]
---
active mongoses
[ { '6.0.6': 1 } ]
---
autosplit
{ 'Currently enabled': 'yes' }
---
balancer
{
  'Currently enabled': 'yes',
  'Currently running': 'no',
  'Failed balancer rounds in last 5 attempts': 0,
  'Migration Results for the last 24 hours': 'No recent migrations'
}
---
databases
[
  {
    database: { _id: 'config', primary: 'config', partitioned: true },
    collections: {}
  }
]
[direct: mongos] admin>
```

图 8-9

依照此法，将剩余节点的 Mongos 路由启动并与 Shard 分片关联。需要注意的是，Mongos 路由节点之间，并不存在关联，不像分片 Shard 集群与配置集群"Config Server"，节点之间是相互感知的（比如主节点故障，剩余节点立即选择新的主节点）。由于存在多个 Mongos 路由节点，某个路由 Mongos-A 节点写入的数据，能否被其他路由 Mongos-B 节点所识别呢？如果不能，或者产生讹误，就不能将这些路由 Mongos 节点组成集群。

8.4.3 多路由 Mongos 状态同步验证

以 MongoDB 客户端工具，连接到路由 Mongos 节点"10.122.200.143"，创建数据库"sery"，并插入几条数据，具体的指令及输出如下：

```
[root@MongoDB-200-144 ~]# mongosh 10.122.200.144
Current Mongosh Log ID: 6492a92a52c3eae27b3b24c8
```

```
Connecting to:          mongodb://10.122.200.144:27017/?directConnec
tion=true&appName=mongosh+1.10.0
Using MongoDB:          6.0.6
Using Mongosh:          1.10.0
..........................
[direct: mongos] admin> show dbs
admin    112.00 KiB
config   2.77 MiB
[direct: mongos] admin> use sery
switched to db sery
[direct: mongos] sery> db.sery.insertOne({"one":"001"})
{
  acknowledged: true,
  insertedId: ObjectId("6492cc189467940c5c0dfbb9")
}
[direct: mongos] sery> db.sery.insertOne({"two":"002"})
{
  acknowledged: true,
  insertedId: ObjectId("6492cc3c9467940c5c0dfbbb")
}
```

上面的插入操作，将在 MongoDB 中创建数据库"sery"。继续在 Mongosh 交互界面，输入指令"sh.status()"，可进一步了解数据库"sery"被写入到哪个分片 Shard 集群，如图 8-10 所示。

```
{
  database: {
    _id: 'sery',
    primary: 'shard2',
    partitioned: false,
    version: {
      uuid: new UUID("23d25a58-7a06-4f66-be3e-8c550b2162f3"),
      timestamp: Timestamp({ t: 1687342103, i: 1 }),
      lastMod: 1
    }
  },
  collections: {}
}
```

图 8-10

登录到另一个 Mongos 路由节点"10.122.200.145"，查看在 Mongos 路由节点"10.122.200.144"创建的数据库"sery"，是否可以被检索到，操作指令及输出结果如图 8-11 所示。

相应的，在 Mongos 路由节点"10.122.200.145"创建数据库，然后登录 Mongos 路由节点"10.122.200.144"，也应该能够看到所有创建好的数据库。

```
[root@MongoDB-200-144 ~]# mongosh 10.122.200.145
Current Mongosh Log ID: 64c8c97464be410ca40315d5
Connecting to:          mongodb://10.122.200.145:27017/?directConnection=true&ap
Using MongoDB:          6.0.6
Using Mongosh:          1.10.0

For mongosh info see: https://docs.mongodb.com/mongodb-shell/

[direct: mongos] test> use admin
switched to db admin
[direct: mongos] admin> db.auth('root','123456')
{ ok: 1 }
[direct: mongos] admin> show dbs;
admin     288.00 KiB
config      2.70 MiB
formyz     11.53 MiB
sery        6.47 MiB
```

图 8-11

8.4.4 Mongos 路由负载均衡集群

在负载均衡器所在的宿主系统，文本编辑器创建文件"/etc/haproxy/mongos.cfg"，并添加如下文本行。

```
frontend mongos
    mode tcp
    bind *:27017
    option tcplog
    log global
    default_backend mycat_lb

backend mongos_lb
    mode tcp
    balance source
    server mongos144 10.122.200.144:27017 check
server mongos145 10.122.200.145:27017 check
server mongos146 10.122.200.146:27017 check
```

HAProxy 对配置文件执行语法检查无误后，启动或重启"Keepalived"服务，远程客户端仅需用 VIP 加端口"27017"来连接 MongoDB 高可用集群。

8.5 MongoDB 数据分片

在 8.4 节，我们创建了一个名为"sery"的数据库，并在其中插入了两条数据，并且我们已经定位到"sery"的数据被存储到分片集群"shard2"中。而我们可能希望数据库"sery"的一部分数据被存储到分片集群"shard1"中，而另一部分被存储于分片集群"shard2"中。数据分片以横向方式扩展数据容量,以支持更大规模的数据存储及读写效率。

以 Mongosh 登录 Mongos 路由集群(以负载均衡器 VIP 加 TCP27017 端口),创建新的数据库"formyz",开启分片功能并以循环方式向数据库"formyz"的表"mytable"插入 50000 条记录,然后查验数据库"formyz"的记录是否被分散存储到所有的分片集群。具体的操作及输出如下:

```
# 开启数据库 "formyz" 分片功能,同时创建空的数据库 "formyz"
[direct: mongos] admin> sh.enableSharding("formyz")
{
  ok: 1,
  '$clusterTime': {
    clusterTime: Timestamp({ t: 1687403738, i: 2 }),
    signature: {
      hash: Binary(Buffer.from("0000000000000000000000000000000000000000", "hex"), 0),
      keyId: Long("0")
    }
  },
  operationTime: Timestamp({ t: 1687403738, i: 1 })
}
# 在数据库 "formyz" 创建表 "mytable",基于键 "_id" 进行 "hash" 分片
[direct: mongos] admin> sh.shardCollection("formyz.mytable",{"_id":"hashed"});
{
  collectionsharded: 'formyz.mytable',
  ok: 1,
  '$clusterTime': {
    clusterTime: Timestamp({ t: 1687404504, i: 28 }),
    signature: {
      hash: Binary(Buffer.from("0000000000000000000000000000000000000000", "hex"), 0),
      keyId: Long("0")
    }
  },
  operationTime: Timestamp({ t: 1687404504, i: 24 })
}
# 数据库 "formyz" 的表 "mytable" 插入 5 万条记录
[direct: mongos] admin> use formyz
switched to db formyz
[direct: mongos] formyz> for(i=1;i<=50000;i++){db.usertable.insertOne({"id":i,"name":"nnn"+i})}
```

```
{
  acknowledged: true,
  insertedId: ObjectId("6493c13abcd4d10dfc6f054c")
}
```

数据插入完毕，继续在 Mongos 路由交互界面输入指令"sh.status()"，查验数据库"formyz"表"mytable"数据的分布情况，如图 8-12 所示。

```
database: {
    _id: 'formyz',
    primary: 'shard1',
    partitioned: false,
    version: {
      uuid: new UUID("f9c7bfc0-c48b-4267-b3e7-efd0d871df82"),
      timestamp: Timestamp({ t: 1687404047, i: 1 }),
      lastMod: 1
    }
},
collections: {
    'formyz.mytable': {
      shardKey: { _id: 'hashed' },
      unique: false,
      balancing: true,
      chunkMetadata: [
        { shard: 'shard1', nChunks: 2 },
        { shard: 'shard2', nChunks: 2 }
      ],
      chunks: [
        { min: { _id: MinKey() }, max: { _id: Long("-4611686018427387902") }, 'on shard': 'shard1', 'last modified': Timestamp({ t: 1, i: 0 }) },
        { min: { _id: Long("-4611686018427387902") }, max: { _id: Long("0") }, 'on shard': 'shard1', 'last modified': Timestamp({ t: 1, i: 1 }) },
        { min: { _id: Long("0") }, max: { _id: Long("4611686018427387902") }, 'on shard': 'shard2', 'last modified': Timestamp({ t: 1, i: 2 }) },
        { min: { _id: Long("4611686018427387902") }, max: { _id: MaxKey() }, 'on shard': 'shard2', 'last modified': Timestamp({ t: 1, i: 3 }) }
      ],
      tags: []
    }
},
},
{
database: {
    _id: 'sery',
    primary: 'shard2',
    partitioned: false,
    version: {
      uuid: new UUID("23d25a58-7a06-4f66-be3e-8c550b2162f3"),
      timestamp: Timestamp({ t: 1687342103, i: 1 }),
      lastMod: 1
    }
},
collections: {}
```

图 8-12

从状态输出可知，数据库"formyz"的数据确实分布到分片集群"shard1"和"shard2"，达到预期目标。

MongoDB 集群设置权限和认证

MongoDB 高可用集群已经创建完毕，分片功能已经验证通过，基于数据安全层面的考虑，需要给 MongoDB 数据访问设置账号及各成员节点之间启用安全认证。

8.6.1 设置 MongoDB 数据库管理账号

客户端登录 Mongos 路由，交互界面执行如下指令设置管理员账号。

```
[direct: mongos] admin> db.createUser({ user: "root", pwd:
"Yg9NxXYN5iae", roles: [ { role: "root", db: "admin" } ]})
{
  ok: 1,
  '$clusterTime': {
    clusterTime: Timestamp({ t: 1687422117, i: 1 }),
    signature: {
      hash: Binary(Buffer.from("00000000000000000000000000000000
0000", "hex"), 0),
      keyId: Long("0")
    }
  },
  operationTime: Timestamp({ t: 1687422117, i: 1 })
}
# 添加配置服务集群管理员账号，执行这个账号设置以后，可以此账号登录 "Config
server" 集群 mongod，而不用每个节点都去设置账户密码。#
[direct: mongos] admin> use config
switched to db config
[direct: mongos] config> db.createUser({ user: "root", pwd:
"Yg9NxXYN5iae", roles: [ { role: "root", db: "admin" } ]})
```

用指令 "show users"，可查所有的 MongoDB 数据库用户，如图 8-13 所示。

```
[direct: mongos] admin> show users
[
  {
    _id: 'admin.admin',
    userId: new UUID("2a6e7c09-fab9-46f9-b988-e232c4610817"),
    user: 'admin',
    db: 'admin',
    roles: [ { role: 'root', db: 'admin' } ],
    mechanisms: [ 'SCRAM-SHA-1', 'SCRAM-SHA-256' ]
  },
  {
    _id: 'admin.root',
    userId: new UUID("62064a19-783f-48b2-af5e-d1ac7cff6518"),
    user: 'root',
    db: 'admin',
    roles: [ { role: 'root', db: 'admin' } ],
    mechanisms: [ 'SCRAM-SHA-1', 'SCRAM-SHA-256' ]
  }
]
[direct: mongos] admin>
```

图 8-13

对于分片集群"Shard"的管理员账号，在整个MongoDB集群建立起来并正常运行起来的情况下，直接用mongosh登录并进行管理员身份切换是无法成功的，需要暂时将集群节点配置文件的"/etc/mongod.conf"文本行"authorization：enabled"注释掉，再免密登录主库节点，创建管理员账号"admin"的密码。从节点无须创建密码，因为它会从主库同步。

8.6.2 MongoDB集群内部身份验证

MongoDB集群内部身份认证是通过共享加密密码实现的，共享加密密码可用工具"openssl"手动生成，然后将生成的加密密码文件复制到MongoDB集群的所有节点（包括分片集群Shard、配置集群"Config Server"和路由集群"Mongos"），并在配置文件中显式指定。

生成共享加密密码需要在集群宿主系统命令行下进行，具体的指令如下：

```
[root@Mongodb-200-148 ~]# openssl rand -base64 888 > mongodb.key
```

生成的文件为文本格式，我们可以打开看一下内容。

```
[root@Mongodb-200-148 ~]# more mongodb.key
g5f+HyLLjgxVthtl0MzjzUcL+ymBKDk6q14hNVj1EM2E9vCFtt42pZE/XksiF7bw
u89sh9HFf1C8UhaHjzzgNdiDOd9MMj3RL3Mml7yWF5a7Tf+/aujtxtZiXQ577lcY
1JcY11OI5MQO9tHMYYFzQNAxffv97Ek9B29RmgtcREs+/+JZjOOfRT1Gytnq2ue1
/05IVB2oI7NgiP3thwRZef1C4B0Ohd125PgC4dPPq4gDs70tyQvsQm3ypReNW8S+
yu/WGkDYI+KOguRA6VC5A82QyMXEPxbiFUno9xJzPZkcF0CFRaf823w+vrNI/zUN
XlbAm3cXQ0CRPTC8AH1mZDxzQevXkn65vzQvV5MwlNIu/w0qDrJjtLCTJM2wpoFz
CZqBE7YvIC/a2K00EeF63aVPRbCH99w9KJDetKqllqrVszHBApw2UOMCv6L08YtD
ydzyqqyCQ9g1M3DEOtFscgK1GDlYG71XNQ2BzzqlV4G7vzD3JfhlH+edv1PoGfnH
qJSFkEVUwrjc85nyVRqRFMm6IKA6AXSRvDcs7/tazMPbSCR3Yoj1CMdfdGIVjMdY
8IqIuqKiYKM7x5pJZpkbl4HGvRvD3QsAMkMoNTxY7tCqIHJuPxNeLc6inSvd8fXg
v5W8mdGdOTPri3MZUsInm097uWZEczQXMxjtR2lKgdmhaJqr1FBTRdGJ61qu7J0P
BKpu/wUy+2QiRPnxABDY4+npZah2cwB2uAUkpvVooIqGe4gu6KeAG2NYnTUUCnXr
JanY5owRxsYBoies0BKXvOoGB3QCUZ5O0ahvZR/TeDXGHJ1P/P9RU+GroPI1M4/K
PqyLWnWgmHqui3ogHV8L1JEvUzFHbKwP4LgaVbebNJU5eggxYRTpCyLMiYTIDgri
Qho4Xynn13V2Wu4wP4ahhIVDqbWTfODx9i7r2Wrg0+YqZu7jfhLqfvoDS/bjLJnF
0k/iNH8r4yy9LeUuGOauNmoBUlrTtzQq0ye7cFiNFb70LNphSWhjU/TEgmnIdCJz
hmFb0XLaFIP5FZpO4yIvf/4M4VJP2bl75Jgpz4wKYtJvOB2G285KdM0XtzYns/fE
I5LrkOZGe0K1yy3sYWCS/OpDWq8RR9BZSiMIo5mUxxZGzcG2c0nE1KHbyZyNbMDm
pNemKxPzekw62198st70ETquKzG+wdqz
```

停掉 MongoDB 集群所有的服务，将共享密码文件"mongodb.key"复制到集群的每一个节点，笔者所统一使用的路径是"/data/mongodb/mongodb.key"，并用指令"chmod 400 /data/mongodb/mongodb.key"将其进行权限限制。

1. 配置集群"Config Server"身份认证设置

修改集群所有节点的配置文件"/etc/mongod.conf"，文件末尾追加如下三行文本。

```
security:
  keyFile: /data/mongodb/mongodb.key
  authorization: enabled
```

手动输入时，一定要注意在冒号"："后留出空格，"security："下的两个子项，需要缩进。

2. 分片集群"Shard"身份认证设置

配置分片集群"Shard"身份认证的方法与配置集群"Config Server"完全一致，这里不再赘述。

3. 路由集群"Mongos"身份认证设置

路由集群所有节点配置文件"/etc/mongod.conf"末尾追加如下两行文本（比其他两个几区少一行"authorization: enabled"）。

```
security:
  keyFile: /data/mongodb/mongodb.key
```

手动输入时，同样注意书写格式。

依次启动分片集群"Shard"所有节点"mongod"服务、配置集群"Config Server"所有节点"mongod"服务和路由集群"Mongos"所有节点"mongos"服务。如果上述服务启动失败，可在日志文件"/data/mongodb/logs/mongod.log"中找到蛛丝马迹（如图 8-14 所示）。一般情况下，在配置文件中加了身份验证而不能启动服务的原因大概率是公共的加密密码文件的权限问题。需要将该文件的属主与属组设置为"mongod:mongod"，而且要确保文件的权限为"400"（只有属主只读权限）。

图 8-14

MongoDB 整个集群正常运行以后，登录路由集群 "Mongos"，执行命令 "sh. status()" 查看整个 MongoDB 集群运行状态，命令及输出如下：

```
[root@MongoDB-200-144 ~]# mongosh 10.122.200.145
Current Mongosh Log ID: 649553a310b3941fef57e901
Connecting to:          mongodb://10.122.200.145:27017/?directConnec
tion=true&appName=mongosh+1.10.0
Using MongoDB:          6.0.6
Using Mongosh:          1.10.0

For mongosh info see: https://docs.mongodb.com/mongodb-shell/
[direct: mongos] test> use admin
switched to db admin
direct: mongos] admin> db.auth("admin"," Yg9NxXYN5iae")
{ ok: 1 }
shardingVersion
{
  _id: 1,
  minCompatibleVersion: 5,
  currentVersion: 6,
  clusterId: ObjectId( "64917f3156af61de36a929b7")
}
---
shards
[
  {
```

```
        _id: 'shard1',
        host: 'shard1/10.122.200.148:27017,10.122.200. 149:27017,10.122.
200.150:27017',
        state: 1,
        topologyTime: Timestamp({ t: 1687260112, i: 6 })
    },
    {
        _id: 'shard2',
        host: 'shard2/10.122.200.151:27017,10.122.200.152:27017,10.122.
200.153:27017',
        state: 1,
        topologyTime: Timestamp({ t: 1687260132, i: 6 })
    }
]
------- 省略 ------------------------------------
```

8.7 MongoDB 高可用集群功能验证

1. 验证 Mongos 路由集群高可用

手动停掉部分 Mongos 集群节点的"mongos"服务，模拟故障发生，然后以 VIP 加 TCP 端口"27017"登录"mongos"，执行数据查询，可获取数据库数据，功能不受影响。

2. 验证配置集群"Config Server"高可用

手动停掉部分"Config Server"节点的"mongod"服务，或者干脆关闭节点系统（如图 8-15 所示），模拟故障发生。再继续从"mongos"客户端访问数据库，依然可以获取到数据。

3. 验证分片集群"Shard"高可用

手动关闭分片集群"shard1"的某个节点的"mongod"服务（如图 8-16 所示），接着再关闭分片集群"shard2"某个节点的"mongod"服务，如果副本集较多的话，可以试着关闭更多节点的"mongod"服务。然后继续从"Mongos"路由客户端登录，查看 MongoDB 集群状态或访问集群中的数据，仍然可以正常获取数据和查看到整个集群的状态。

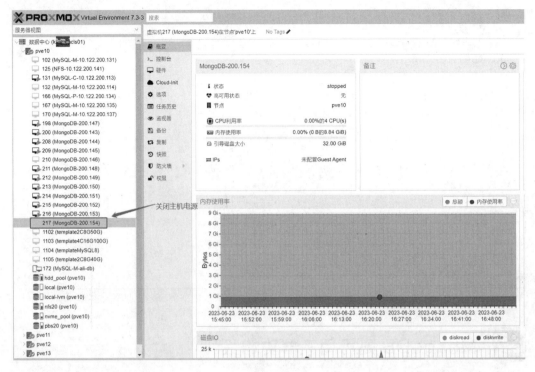

图 8-15

```
[root@Mongodb-200-148 ~]# grep clusterRole /etc/mongod.conf
    clusterRole: shardsvr
[root@Mongodb-200-148 ~]# systemctl stop mongod
[root@Mongodb-200-148 ~]#
```

图 8-16

通过故障模拟可得出这样的结论：MongoDB 集群不论是路由"mongos"还是配置"Config Server"或是分片"Shard"，部分节点的服务生效不会影响到集群的可用性。

8.8 MongoDB 集群容量扩充与缩减

MongoDB 高可用集群建立起来并正常运行以后，可能会根据业务场景的变化对集群的容量进行扩充或者缩减。容量的扩充与缩减，涉及分片集群"shard"、配置集群"Config Server"与路由集群"Mongos"，接下来逐一进行详细介绍。

8.8.1 分片集群"Shard"容量扩充与缩减

1. 分片集群"Shard"容量扩充

准备好一台安装了 MongoDB 软件的主机，从现有分片集群"Shard"任意节点同步配置文件"/etc/mongod.conf"和共享密码文件到当前主机，然后用命令"systemctl start mongod"启动"mongod"服务，并检查是否正常启动。

分片集群"Shard"新增节点"mongod"服务启动以后，以"mongosh"客户端登录，可在不用密码验证情况下，查看到"MongoDB"的本地数据（如图 8-17 所示），但获取不到 MongoDB 集群的数据。

图 8-17

以客户端工具"mongosh"登录到 MongoDB 分片集群"shard1"的主节点，执行如下操作将新增节点加入到分片集群"shard1"中。

```
shard1 [direct: primary] admin> rs.add({ host:"10.122.200.146:27017"})
{
  ok: 1,
  lastCommittedOpTime: Timestamp({ t: 1687594740, i: 1 }),
  '$clusterTime': {
    clusterTime: Timestamp({ t: 1687594740, i: 1 }),
    signature: {
      hash: Binary(Buffer.from("cc1841cbf18b4f34278d1fcae9aa5af9b9b9ed6a", "hex"), 0),
      keyId: Long("7246713123845963800")
    }
  },
  operationTime: Timestamp({ t: 1687594740, i: 1 })
}
```

主控节点添加新节点"10.122.200.146"到集群后，切换到新增节点"10.122.200.146"的"mongosh"用户交互界面，执行指令"show dbs"，可以看到 MongoDB 集群的所以数据库信息，如图 8-18 所示。

```
[root@mongodb-200-146 ~]# ip add|grep ens
2: ens18: <BROADCAST,MULTICAST,UP,LOWER_UP> mtu 1500 qdisc fq_codel state UP group default q
len 1000
    inet 10.122.200.146/22 brd 10.122.203.255 scope global noprefixroute ens18
[root@mongodb-200-146 ~]# mongosh
Current Mongosh Log ID: 64c8ce74d3e7f4866e86471d
Connecting to:          mongodb://127.0.0.1:27017/?directConnection=true&serverSelectionTime
outMS=2000&appName=mongosh+1.10.0
Using MongoDB:          6.0.6
Using Mongosh:          1.10.0

For mongosh info see: https://docs.mongodb.com/mongodb-shell/

shard1 [direct: primary] test> use admin
switched to db admin
shard1 [direct: primary] admin> db.auth('admin','123456')
{ ok: 1 }
shard1 [direct: primary] admin> show dbs;
admin    100.00 KiB
config   568.00 KiB
formyz     3.96 MiB
local      7.22 MiB
```

图 8-18

作为 MongoDB 整个集群的入口"mongos"路由，是否需要手动将这个新增的分片节点"10.122.200.146"，用"sh.addShard()"方法执行一次呢？不确定，那就在执行添加操作前在"mongos"的客户端交互界面查看其运行状态（如图 8-19 所示）。幸运的是，新增的分片节点被自动感知，无须在路由节点执行任何添加操作。

```
[direct: mongos] formyz> sh.status()
shardingVersion
{
    _id: 1,
    minCompatibleVersion: 5,
    currentVersion: 6,
    clusterId: ObjectId("64917f3156af61de36a929b7")
}
---
shards
[
    {
        _id: 'shard1',
        host: 'shard1/10.122.200.146:27017,10.122.200.149:27017,10.122.200.150:27017',
        state: 1,
        topologyTime: Timestamp({ t: 1687260112, i: 6 })
    },
    {
        _id: 'shard2',
        host: 'shard2/10.122.200.151:27017,10.122.200.152:27017,10.122.200.153:27017',
        state: 1,
        topologyTime: Timestamp({ t: 1687260132, i: 6 })
    }
]
---
active mongoses
[ { '6.0.6': 2 } ]
---
autosplit
{ 'Currently enabled': 'yes' }
---
```

图 8-19

2. 分片集群"Shard"容量缩减

客户端"mongosh"登录分片集群主库，交互界面用如下指令删除节点。

```
shard1 [direct: primary] admin> rs.remove("10.122.200.148:27017")
{
  ok: 1,
  lastCommittedOpTime: Timestamp({ t: 1687599134, i: 6 }),
  '$clusterTime': {
    clusterTime: Timestamp({ t: 1687599134, i: 7 }),
    signature: {
       hash: Binary(Buffer.from("f442ed5e9eb1ee989630281cb02d4fd82e5
cf854", "hex"), 0),
       keyId: Long("7246713123845963800")
    }
  },
  operationTime: Timestamp({ t: 1687599134, i: 6 })
}
```

删除操作完成，不但分片集群"shard1"主节点执行"rs.status()"不存在被删除节点"10.122.200.148"的信息，同样，在路由节点Mongos上，也没有被删节点存在。

8.8.2 配置集群"Config Server"容量扩充与缩减

1. 配置集群"Config Server"容量扩充

准备好一台安装了MongoDB软件的主机，从现有配置集群"Config Server"任意节点同步配置文件"/etc/mongod.conf"和共享密码文件到当前主机，然后用命令"systemctl start mongod"启动"mongod"服务，并检查是否正常启动。

以客户端工具"mongosh"登录到配置集群"Config Server"的主节点，交互界面执行指令"rs.add（{ host:"10.122.200.155:27017"}）"添加节点到集群。

登录路由集群"Mongos"所有节点宿主系统，修改配置文件"/etc/mongod.conf"（为了区分，可重命名为"mongos.conf"），将新增节点的信息添加上（如图8-20所示），重启所有节点的"mongos"服务。

2. 配置集群"Config Server"容量缩减

客户端"mongosh"登录配置集群"Config Server"主库，交互界面手动执行指令"rs.remove（10.122.200.154:27017）"删除节点。

对应的，所有的路由集群"Mongos"节点，从配置文件中将离群节点的信息删除掉，再重启所有节点的"mongos"服务。

```
[root@MongoDB-200 mongodb]# ip add| grep ens
2: ens18: <BROADCAST,MULTICAST,UP,LOWER_UP> mtu 1500 qdisc fq_codel state
 UP group default qlen 1000
    inet 10.122.200.145/22 brd 10.122.203.255 scope global noprefixroute
ens18
[root@MongoDB-200 mongodb]# more /etc/mongod.conf
# mongod.conf

# for documentation of all options, see:
#   http://docs.mongodb.org/manual/reference/configuration-options/

# where to write logging data.
systemLog:
  destination: file
  logAppend: true
  path: /var/log/mongodb/mongod.log

processManagement:
  timeZoneInfo: /usr/share/zoneinfo
  fork: true

# network interfaces
net:
  port: 27017
  bindIp: 0.0.0.0  # Enter 0.0.0.0,:: to bind to all IPv4 and IPv6 addres
ses or, alternatively, use the net.bindIpAll setting.

sharding:
  configDB: configcls/10.122.200.154:27017,10.122.200.147:27017,10.122.20
0.143:27017,10.122.200.155:27017

security:
  keyFile: /data/mongodb/mongodb.key
```

图 8-20

8.8.3 路由集群"Mongos"容量扩充与缩减

路由集群"Mongos"容量的扩充与缩减比较简单，仅需在前端负载均衡器对转发队列做增加和删除处理，然后重启负载均衡器。

第 9 章 负载均衡集群日常维护

一个设计良好的高可用负载均衡集群，交付使用后并不能一劳永逸。欲使其高效、稳定、持续对外服务，日常维护必不可少。

对于高可用负载均衡集群来说，有两种类型的维护形式：突发性维护与常规性维护。突发性维护一般指故障处理，而常规性维护内容大致包括但不限于：变更、监控、升级、

备份与恢复等。本章会列举一些日常维护的实际案例给读者作为经验讲解。

9.1 负载均衡集群故障处理

在高可用负载均衡集群中，一些设施或应用发生故障虽然不影响用户的使用，但作为维护人员，发现故障应立即排查并进行故障恢复，并对处理进行记录。

故障一般有硬件故障、系统故障、软件故障、性能故障。硬件故障比较容易判断，找出问题所在以后进行维修或更换。系统故障、软件故障等，排查的诀窍就是日志文件，这一点要牢记于心。

1. 故障实例：通过 VIP 访问不到 Web 页面

一个刚刚部署好 Web 服务集群，前端"Keepalived + LVS"（DR 直接路由模式），后端多个真实服务器部署 Apache。实施人

员反馈有以下故障现象。

（1）能通过 telnet VIP 80 正常访问。

（2）单独访问每个真实服务器的页面，正常。

（3）通过域名访问 Web 页面（绑定了集群 VIP），不正常。

笔者认为，排查最有效的策略是先实后虚——先查后端真实服务器，再查前端负载均衡。反之，假使故障在后端真实服务器，却在负载均衡器上找病因，能有效吗？

得到授权以后，开始登录后端真实服务器宿主系统，检查 Apache 服务的配置，一下子就发现问题所在：居然把集群的 VIP 显式地写在配置文件中（<VirtualHost VIP:80>）。

修改 Apache 配置文件，将“<VirtualHost VIP:80>”更正为“<VirtualHost *:80>”，保存配置，重启 Apache 服务，再以 VIP 地址访问 Web 页面，一切正常。

2. 故障实例：集群性能故障

一个长期运行的负载均衡集群，前端“Keepalived + HAProxy”，后端真实服务器部署 Nginx，提供数十个域名 Web 访问。在没有做任何市场推广，也没有突然大幅度增加注册用户的情况下，某一个域名的访问异常缓慢，同一个页面用浏览器反复刷新甚至出现“503”错误，而在此负载均衡集群中的其他域名的访问却是正常的。

登录到主负载均衡器宿主系统，粗略查看 HAProxy 日志，发现大量的日志记录来自网络爬虫，再以主机名与“spider”做关键字对访问日志做处理，果然是爬虫在耗费网络资源，如图 9-1 所示。

```
Jul  2 16:00:42 localhost haproxy[46707]: 116.179.37.11:18289 172.16.98.142:80 526 468 200 GET /site/loginstatusbar.html HTTP/1.1 blog_formyz_net server_port80 172.16.98.168 blog.formyz.net Mozilla/5.0 (compatible; Baiduspider-render/2.0; +http://www.baidu.com/search/spider.html) - http://blog.formyz.net/site/index/ac/art/3/channel_php/2/4/7/9/9/5/6/6/5/page/8/page/9.html nginx -\
Jul  2 16:00:43 localhost haproxy[46707]: 116.179.32.14:5870 172.16.98.143:80 13148 295 200 GET /site/index/ac/art/3/channel_php/2/10/6/7/4/4/9/9/8/page/5/page/9.html HTTP/1.1 blog_formyz_net server_port80 172.16.98.168 blog.formyz.net Mozilla/5.0 (compatible; Baiduspider/2.0; +http://www.baidu.com/search/spider.html) - - nginx -\
Jul  2 16:00:43 localhost haproxy[46707]: 116.179.37.2:25322 172.16.98.143:80 526 465 200 GET /site/loginstatusbar.html HTTP/1.1 blog_formyz_net server_port80 172.16.98.168 blog.formyz.net Mozilla/5.0 (compatible; Baiduspider-render/2.0; +http://www.baidu.com/search/spider.html) - http://blog.formyz.net/site/index/ac/art/3/channel_php/2/6/8/5/9/4/10/page/6/page/9.html nginx -\
Jul  2 16:00:43 localhost haproxy[46707]: 116.179.32.149:48036 172.16.98.144:80 17811 254 200 GET /uid-28213597-id-3504112.html HTTP/1.1 blog_formyz_net server_port80 172.16.98.168 blog.formyz.net Mozilla/5.0 (compatible; Baiduspider/2.0; +http://www.baidu.com/search/spider.html) - - nginx -\
Jul  2 16:00:43 localhost haproxy[46707]: 116.179.32.87:57779 172.16.98.143:80 13122 295 200 GET /site/index/ac/art/3/channel_php/2/5/10/4/7/7/4/9/9/page/5/page/9.html HTTP/1.1 blog_formyz_net server_port80 172.16.98.168 blog.formyz.net Mozilla/5.0 (compatible; Baiduspider/2.0; +http://www.baidu.com/search/spider.html) - - nginx -\
Jul  2 16:00:43 localhost haproxy[46707]: 116.179.37.220:49965 172.16.98.143:80 444 663 200 POST /site/IsLogin.html HTTP/1.1 blog_formyz_net server_port80 172.16.98.168 blog.formyz.net Mozilla/5.0 (compatible; Baiduspider-render/2.0; +http://www.baidu.com/search/spider.html) - http://blog.formyz.net/uid-20717404-id-825081.html nginx -\
Jul  2 16:00:44 localhost haproxy[46707]: 116.179.32.24:57974 172.16.98.142:80 13200 288 200 GET /site/index/ac/art/3/channel_php/2/10/9/4/6/6/4/5/7/page/5.html HTTP/1.1 blog_formyz_net server_port80 172.16.98.168 blog.formyz.net Mozilla/5.0 (compatible; Baiduspider/2.0; +http://www.baidu.com/search/spider.html) - - nginx -\
Jul  2 16:00:44 localhost haproxy[46707]: 116.179.37.160:54565 172.16.98.142:80 526 469 200 GET /site/loginstatusbar.html HTTP/1.1 blog_formyz_net server_port80 172.16.98.168 blog.formyz.net Mozilla/5.0 (compatible; Baiduspider-render/2.0; +http://www.baidu.com/search/spider.html) - http://blog.formyz.net/site/index/ac/art/3/channel_php/2/9/5/7/9/9/10/6/6/page/8/page/9.html nginx -\
Jul  2 16:00:44 localhost haproxy[46707]: 116.179.32.103:28478 172.16.98.144:80 13220 289 200 GET /site/index/ac/art/3/channel_php/2/6/8/5/9/5/4/10/7/page/10.html HTTP/1.1 blog_formyz_net server_port80 172.16.98.168 blog.formyz.net Mozilla/5.0 (compatible; Baiduspider/2.0; +http://www.baidu.com/search/spider.html) - - nginx -\
```

图 9-1

知道了问题所在，接下来的处理从两个方面入手：负载均衡器上限制单个IP地址的最大并发数，同时在Nginx上屏蔽某些恶意的爬虫。

（1）负载均衡器限制同一个网段所有地址的连接总数量。使用系统防火墙工具"iptables"，在辅助负载均衡器宿主系统手动执行防火墙策略，确定该指令不会产生异常并能正确发挥作用后，再应用到主负载均衡器。限制访问并发数的"iptables"指令如下：

```
/usr/sbin/iptables -I INPUT -p tcp --dport 80 -m connlimit
--connlimit-above 80 --connlimit-mask 24 -j DROP
/usr/sbin/iptables -I INPUT -p tcp --dport 443 -m connlimit
--connlimit-above 80 --connlimit-mask 24 -j DROP
```

请读者注意：上述语句中有大写与小写、有单横杠与双横杠，不能混淆。

（2）Nginx限制爬虫。用禁止源地址的方法无法有效地屏蔽爬虫，因此可选的方法之一就是对用户代理（User-Agent）进行处理。在Nginx配置文件中，对爬虫的定义可以是全局，也可以单独针对某个主机名，单独的主机名配置，以"include"的形式包含到主配置文件即可。根据从主负载均衡器访问日志统计出来的恶意爬虫名称，在Nginx的配置文件中加入如下文本块：

```
    if ($http_user_agent ~* "FeedDemon|Indy Library|Alexa Toolbar|As
kTbFXTV|AhrefsBot|CrawlDaddy|CoolpadWebkit|Feedly|UniversalFeedPars
er|ApacheBench|Microsoft URL Control|Swiftbot|ZmEu|oBot|jaunty|Pyth
on-urllib|lightDeckReports Bot|YYSpider|DigExt|HttpCli
ent|MJ12bot|heritrix|EasouSpider|Ezooms|Sogou spider|Sogou web
spider|360Spider|YisouSpider" ) {
        return 403;
    }
```

请读者注意：小括号"()"里的字符串是一个整行，不要按回车键断行！保存修改，执行指令"nginx -t"进行语法检查，无误后重启"nginx"服务。以同样的方法，将集群中的其他Nginx做好处理。

通过上述两种方式进行处理后，发生性能故障的Web站点又恢复了正常。

9.2 负载均衡集群变更操作

集群容量扩充或缩减、现有集群中新增项目、变更策略、置换设施等，均在此范围。

对有前后端架构的负载均衡集群，变更操作时，先后端再前端，先从后主。这样做的目的，是保证集群的服务不因变更操作而受影响。例如，在负载均衡集群中增加后端节点，正确有效的做法如下。

确认新增的后端，直接访问它承载的服务，状态正常。

将新增的后端加入辅助负载均衡器转发队列，客户端访问辅助负载均衡器的地址及端口，可正确得到结果，并能跟踪确认用户的最终访问到达新增的节点（可通过负载均衡器日志与节点服务日志相互参照确认）。

用户访问量小的夜间，将辅助负载均衡器的配置同步到主负载均衡器，然后重启主负载均衡器系统或服务。重启主负载均衡器期间，辅助负载均衡器将主动接管主负载均衡器的所有任务，不会导致服务不可用的风险。

后端真实服务器节点的撤离，可直接关闭其上的服务甚至系统，负载均衡器的健康检查将自动将其从转发队列里踢除，不会对用户的访问造成影响，然后再在主从负载均衡器删掉相关条目，即可平稳将节点下线。

9.3 负载均衡集群监控

对负载均衡的集群监控，不仅仅集中对集群所有的资源、服务等进行监控，还要兼顾整体逻辑。以 MongoDB 高可用负载均衡集群为例，对逻辑层面的监控，就是模拟用户行为，访问集群数据，判断运行状态是否正常。

MongoDB 集群内置一个名为"db.serverStatus()"的工具，用它可以监控整个集群是否处于正常状态。用客户端"mongosh"登录 MongoDB 集群路由"mongos"，切换到管理员用户"admin"，交互界面执行"db.serverStatus()"，部分输出如图 9-2 所示。

```
[direct: mongos] admin> db.serverStatus()
{
  host: 'MongoDB-200-144',
  version: '6.0.6',
  process: 'mongos',
  pid: Long("9059"),
  uptime: 872160,
  uptimeMillis: Long("872160423"),
  uptimeEstimate: Long("872160"),
  localTime: ISODate("2023-07-03T08:39:33.978Z"),
  asserts: {
    regular: 0,
    warning: 0,
    msg: 0,
    user: 2261,
    tripwire: 0,
    rollovers: 0
  },
  connections: {
    current: 6,
    available: 813,
    totalCreated: 114,
    active: 4,
    threaded: 6,
    exhaustIsMaster: 0,
    exhaustHello: 2,
    awaitingTopologyChanges: 2,
    loadBalanced: Long("0")
  },
  defaultRWConcern: {
    defaultReadConcern: { level: 'local' },
    defaultWriteConcern: { w: 'majority', wtimeout: 0 },
    defaultWriteConcernSource: 'implicit',
    defaultReadConcernSource: 'implicit',
    localUpdateWallClockTime: ISODate("2023-07-03T08:37:55.662Z")
  },
  extra_info: {
    note: 'fields vary by platform',
    user_time_us: Long("1368065097"),
    system_time_us: Long("1068507853"),
    maximum_resident_set_kb: Long("75216"),
    input_blocks: Long("1536"),
    output_blocks: Long("6172416"),
    page_reclaims: Long("74817"),
    page_faults: Long("14"),
    voluntary_context_switches: Long("31408662"),
    involuntary_context_switches: Long("372348")
  },
  health: {
    state: 'Ok',
    enteredStateAtTime: ISODate("2023-06-23T06:23:33.973Z")
  },
```

图 9-2

这是一个正常运行且所有集群节点未发生故障的 MongoDB 集群，健康状态 "health state" 为 "OK"。有意将所有配置集群节点（Config Server）的 "mongod" 服务关闭，再执行指令 "db.serverStatus()"，指令超时并报错，如图 9-3 所示。

```
MongoServerError: Could not find host matching read preference { mode: "primaryPreferred" } for set configcls
```

图 9-3

启动配置服务（Config Server）集群的 "mongod" 服务，同时将所有分片服务集群（Shard）的 "mongod" 服务全部关闭，在 "mongosh" 交互界面输入指令 "show dbs",将得不到任何输出。根据这个逻辑,将集群健康状态(Health state)与数据库获取两者集合,如果同时满足健康状态正常"OK"且能检索到集群的数据库,则认为 MongoDB 集群处于正常状态。

需求明确之后,我们可以将其转换成 Shell 脚本。关键性的指令有两条,MongoDB 集群处于正常运行状态时,系统命令行下,分别执行下面两条指令。

```
[root@MongoDB-200-144 ~]# echo "show dbs"|mongosh --host 10.122.200.144 --username=admin --password="Yg9NxXYN5iae" --authenticationDatabase=admin|grep admin
Connecting to: mongodb://<credentials>@10.122.200.144:27017/?directConnection=true&authSource=admin&appName=mongosh+1.10.0
[direct: mongos] test> admin   288.00 KiB

[root@MongoDB-200-144 ~]# echo "db.serverStatus()"|mongosh --host 10.122.200.144 --username=admin --password="Yg9NxXYN5iae" --authenticationDatabase=admin|grep state
    state: 'Ok',
```

逻辑上分析清楚以后,再撰写监控脚本就不再是什么难事。用文本编辑器在系统行下创建 Shell 脚本"/usr/local/bin/mon_mongodb.sh",其完整内容如下:

```
#!/bin/bash
db_admin=$(echo "show dbs"|mongosh --host 10.122.200.144 --username=admin --password="Yg9NxXYN5iae" --authenticationDatabase=admin|grep admin9|wc -l)

db_status=$(echo "db.serverStatus()"|mongosh --username=admin --password="Yg9NxXYN5iae" --authenticationDatabase=admin|grep state|grep Ok |wc -l)

if [ $db_admin -ge 1 ] && [ $db_status -eq 1 ]
   then
    echo "MongoDB Cluster is OK!"
    exit 0
  else
    echo "MongoDB Cluster is BAD!"
    exit 2
fi
   exit 0
```

此脚本适用于 Nagios 或 Centroen 监控平台,状态码"exit 0"代表正常(OK),

"exit 2"代表异常（Critical）。在 MongoDB 集群处于正常状态时，执行脚本"/usr/local/bin/mon_mongodb.sh"，其输出应该为"MongoDB Cluster is OK！"。作为对比，将 MongoDB 的所有分片集群（Shard）的"mongod"服务关闭，手动执行脚本"/usr/local/bin/mon_mongodb.sh"，其输出为"MongoDB Cluster is BAD！"，正是我们所期待的结果，如图 9-4 所示。

```
[root@MongoDB-200-144 ~]# sh /usr/local/bin/mon_mongodb.sh
MongoDB Cluster is BAD!
[root@MongoDB-200-144 ~]#
```

图 9-4

将 MongoDB 分片集群所有节点的"mongod"服务启动，而将所有配置服务（Config Server）的"mongod"关闭，执行监控脚本，将得到同样的结果（MongoDB Cluster is BAD！）。同样，当 MongoDB 的路由集群故障时，运行监控脚本也会得到故障告警。

9.4 负载均衡集群升级

不论哪一种类型的高可用负载均衡集群，都可以分为系统升级和应用升级两个大项。在进行升级前，做好是否必须升级的评估。升级是否解决已经存在的缺陷？升级是否能大幅度提高整体性能？升级失败是否可以快速、有效回退？

在做好升级测试以后，正式进行升级，一定要按对可用性影响最小的方式进行，可参考软件工程"灰度发布"。

9.5 负载均衡集群备份与恢复

运行在 Proxmox VE 超融合集群上的高可用负载均衡集群，备份轻而易举，它将整个主机进行完整备份。如果不是这样的运行环境，则需要对数据进行选择性备份，并启动定时任务，进行关键数据的自动备份。

Proxmox VE 超融合集群从备份进行恢复相当简单和容易，选中需要恢复的主机，单击"还原"按钮，余下的事情交给时间，如图 9-5 所示。

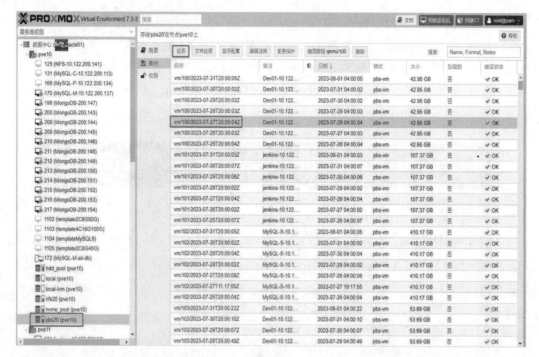

图 9-5

传统方式的恢复要复杂和耗时一些。这些过程可能包括安装系统、安装软件、初始化、复制数据、调试、上线等。